1886-1887

L'HORLOGERIE

ASTRONOMIQUE ET CIVILE

SES USAGES — SES PROGRÈS — SON ENSEIGNEMENT A PARIS

PAR

A.-H. RODANET

OFFICIER DE LA LÉGION D'HONNEUR
OFFICIER DE L'INSTRUCTION PUBLIQUE
MEMBRE DE LA CHAMBRE DE COMMERCE DE PARIS
MEMBRE DU CONSEIL SUPÉRIEUR DE L'ENSEIGNEMENT TECHNIQUE
PRÉSIDENT-DIRECTEUR DE L'ÉCOLE D'HORLOGERIE DE PARIS

PARIS
Vve Ch. DUNOD, ÉDITEUR
LIBRAIRE DES CORPS NATIONAUX, DES PONTS ET CHAUSSÉES, DES MINES
ET DES TÉLÉGRAPHES
49, Quai des Augustins, 49

L'HORLOGERIE

ASTRONOMIQUE ET CIVILE

SES USAGES — SES PROGRÈS — SON ENSEIGNEMENT A PARIS

PARIS. — IMPRIMERIE L. BAUDOIN ET Cie, 2, RUE CHRISTINE

JULIEN-HILAIRE RODANET Père

CHEVALIER DE LA LÉGION D'HONNEUR

21 avril 1810 — 19 octobre 1884)

A MONSIEUR A.-H. RODANET

Les membres du Conseil d'administration de l'École d'horlogerie de Paris, réunis dans un même sentiment, ont l'honneur d'adresser à leur cher Président, M. A.-H. Rodanet, l'expression unanime et sincère des regrets qu'ils éprouvent en apprenant la perte cruelle qu'il vient d'éprouver en la personne de son père, M. H. Rodanet, l'un des maîtres les plus réputés de l'Horlogerie française et dont le nom, depuis plus d'un demi-siècle, a été le synonyme d'honneur, de travail et de dévouement.

Au nom du Conseil d'administration,

Le Vice-Président,
CH. REQUIER.

Paris, 28 octobre 1884.

AVANT-PROPOS

Le développement considérable donné dans ces derniers temps à l'industrie horlogère, a mis les produits de cette industrie à la portée de tout le monde. Nous pouvons donc hardiment affirmer que l'horlogerie est dans les mains de tous. Tout ce qui touche à cette branche importante des arts de précision intéresse donc le plus grand nombre.

Les astronomes, les mathématiciens, les navigateurs, les médecins, en un mot, tous les hommes de science qui connaissent la précision presque absolue des chronomètres, aiment à traiter et à résoudre les problèmes si complexes de ces machines à mesurer le temps. Le public aime aussi à ce qu'on l'entretienne de ces instruments de petit volume, pour ainsi dire mystérieux, par leur complication et le résultat qu'on en obtient.

Sous l'influence de ces pensées j'ai accepté de faire, en avril 1886, au Conservatoire national des arts et métiers, une conférence sur l'horlogerie astronomique et civile. Ce sont ces mêmes pensées qui me décident aujourd'hui à publier ce travail.

En écrivant cet avant-propos, mes souvenirs me reportent au temps de mon enfance; au temps où je débutais sous l'œil expérimenté d'un artiste habile, savant, consciencieux, — de mon père. J'ai encore présentés à la mémoire les observations de ce maître regretté, sa rigidité de principes, sa fidélité dans le travail, sa science technique.

A vingt ans, je quittais la France pour ne la revoir que huit années après. Pendant cette période passée dans les ateliers étrangers, au centre même des fabriques d'horlogeries anglaises et suisses, j'ai dû au travail manuel, à lui seul, les moyens de vivre avec indépendance. J'en suis fier aujourd'hui, car c'est à ces luttes de tous les instants, dans des milieux industriels très divers, en contact avec des ouvriers de tous les pays, que je dois d'avoir complété mon instruction professionnelle, et d'avoir pu réaliser, — avec le concours de mes collègues et amis, — l'œuvre considérable de l'École d'Horlogerie de Paris.

Mon intention n'est certes pas, en publiant cet ouvrage, de donner un enseignement quelconque à mes confrères qui sont, comme moi, familiers avec les progrès constants de l'horlogerie. Ma pensée est plus modeste. Je désire simplement être utile à nos chers élèves de l'École d'Horlogerie de Paris, et agréable aux personnes étrangères à notre industrie qui s'intéressent à l'enseignement et à l'avenir de notre art.

A.-H. RODANET.

31 décembre 1887.

CONSERVATOIRE NATIONAL DES ARTS ET MÉTIERS

4 AVRIL 1886

L'HORLOGERIE

ASTRONOMIQUE ET CIVILE

Ses usages, ses progrès, son enseignement à Paris

CONSERVATOIRE NATIONAL DES ARTS ET MÉTIERS

4 AVRIL 1886

L'HORLOGERIE

ASTRONOMIQUE ET CIVILE

Ses usages, ses progrès, son enseignement à Paris

La fondation de l'École technique d'horlogerie de Paris remonte à l'année 1880. Cette création, due en partie au concours de la Chambre syndicale de l'horlogerie de Paris, a été faite dans le but de relever en France le niveau de notre art.

Chargé par le conseil d'administration de la direction de cette École depuis sa fondation, il m'est arrivé bien souvent d'entendre des parents tenir le langage suivant : « J'ai un fils d'une intelligence médiocre ; il est paresseux, insolent, indiscipliné ; pendant plusieurs années je l'ai mis dans un collège, il n'a rien appris ; je ne sais que faire de cet enfant. Veuillez donc, Monsieur, m'en débarrasser, lui apprendre l'horlogerie et me le rendre dans quelques années, ouvrier habile et instruit. »

Mais, suis-je obligé de répondre à ces braves gens, l'horlogerie est la profession la plus difficile à apprendre. C'est un art qui demande des aptitudes spéciales, de l'assiduité, de l'ordre, une intelligence développée, une main adroite. L'apprentissage en est fort long et très coûteux.

Pour être un bon horloger, il faut avoir une grande habileté de main et des connaissances générales scientifiques très variées : si votre fils a montré d'aussi pauvres dispositions pour les études, il est à craindre qu'il ne réussisse pas mieux dans notre École. Choisissez donc pour lui un métier plus simple, plus facile, plus en harmonie avec ses facultés et son intelligence. Je termine toujours en refusant absolument de faire un horloger de cette médiocrité.

Il est inutile de vous faire remarquer, Messieurs, que les élèves de notre École qui assistent à cette conférence ont tous été des écoliers modèles.

Si j'examine d'une façon générale les rapports du public avec nos confrères, je constate que, presque toujours, ce public est, avec raison, fort perplexe, fort embarrassé. Les acheteurs ne possèdent pas, en effet, des connaissances spéciales suffisantes pour juger la valeur et la qualité des objets qu'ils désirent acquérir. Il leur est impossible de se faire une opinion sérieuse du talent et du savoir professionnel de celui auquel ils croient devoir accorder leur confiance. Aussi arrive-t-il souvent que les artistes véritablement habiles et consciencieux sont confondus avec des vendeurs d'horlogerie, incapables et malhonnêtes, qui n'ont de notre profession que le titre, sans en avoir la science.

Ces considérations sont de nature à déprécier notre art et, en amoindrissant la valeur de ceux qui l'exercent, à ne plus leur assigner dans le monde de l'industrie la place à laquelle ils ont le droit de prétendre.

Cette situation, déplorable pour l'avenir de l'horlogerie, est la raison principale qui m'a décidé à faire cette conférence.

Sous la forme la plus simple, évitant autant que possible la science pure et les théories abstraites, je vais m'efforcer, Messieurs, de mettre en lumière les services immenses rendus par l'horlogerie, les progrès considérables accomplis depuis un siècle dans cet art, l'enseignement technique et scientifique qu'il convient de donner aux jeunes gens qui se destinent à cette profession ; enfin, je vais vous dire ce que nous sommes, et ce que nous valons.

De tout temps, l'horlogerie a été l'objet d'études sérieuses et de recherches approfondies de la part des praticiens et des savants. Aussi les inventions et les perfectionnements qui ont été faits en horlogerie depuis la fin du XVIe siècle sont-ils dus non seulement à l'habileté de l'artiste, mais encore aux recherches constantes de l'homme de science. Ces deux éléments, se complétant l'un par l'autre, ont permis de résoudre les questions complexes d'un art où les combinaisons les plus étranges se heurtent continuellement aux difficultés de main les plus grandes, et à la précision la plus absolue.

Avant de développer le sujet de cette conférence, permettez-moi, Messieurs, de vous dire quelques mots de l'histoire générale de l'horlogerie.

Aux temps anciens, l'heure était donnée par des cadrans solaires et des clepsydres. C'est en l'année 800 seulement qu'apparaissent les premiers essais de l'horlogerie.

Haroun-al-Raschid envoie à Charlemagne, en 809, une horloge mue par une clepsydre.

L'invention de l'échappement et l'application du poids moteur aux horloges datent de 850. Ces découvertes sont attribuées à Pacificus, archidiacre de Vérone.

Richard Walingfort fit, en 1326, la première horloge destinée au couvent de Saint-Albans.

En 1344, Jean de Dondis termine l'horloge de Padoue.

Henry-de-Vic, en 1370, fait, pour le Palais de justice, la première horloge construite à Paris.

L'horloge de la basilique de Saint-Marc, à Venise, est terminée en 1496.

Sur les données de Conrad-Dasypoduis, l'horloge de Strasbourg est commencée par Habrecht père en 1570; elle est finie en 1574 par Isaac Habrecht, son petit-fils.

En 1598, Nicolas Lyppyns, de Bâle, exécute l'horloge de Lyon. Cette horloge est réparée et considérablement augmentée par Guillaume Nourrisson, en 1660.

L'horlogerie fit des progrès sensibles à partir de 1595.

A cette époque, l'immortel Galilée, né à Pise en 1564, observa que les oscillations d'une lampe suspendue à une voûte étaient isochrones et qu'elles étaient d'autant plus promptes, que le pendule était plus court. Il publia à ce sujet un ouvrage intitulé : *L'usage du cadran ou de l'horloge physique universelle.*

Son fils, Vincent Galilée, paraît avoir appliqué le pendule à l'horlogerie ; mais il ne donna aucune importance à cette découverte, et ne publia aucun mémoire à ce propos.

C'est Christian Huyghens, né à la Haye en 1629, qui, réellement, appliqua le premier le pendule aux horloges. Ce célèbre mécanicien emprunta à ses devanciers l'idée des palettes du balancier ; il appliqua ces palettes à l'extrémité supérieure du pendule, et il les fit engrener dans les dents d'une roue de rencontre.

C'est à ce même Huyghens que l'on doit la savante théorie de la cycloïde. Cette double courbe, placée vers le point de suspension du pendule, était destinée à rendre d'égale durée tous les arcs inégaux que ce même pendule peut décrire.

En 1662, on fit, en Angleterre, des horloges d'appartement avec un pendule. Ces horloges, exécutées sur le principe trouvé par Huygens, furent appelées pendules, nom qu'elles ont conservé encore de nos jours.

Les premières tentatives pour la détermination des longitudes en mer au moyen des horloges marines remontent également à Huyghens. Sa première horloge de ce genre fut présentée aux États de Hollande le 16 juin 1657.

En 1664, le major Holmes observa à la mer deux horloges construites par Huyghens. Elles étaient montées sur la suspension de Cardan, analogue à celle qui est en usage actuellement. L'échappement, le seul connu à cette époque, était à roue de rencontre ; ces horloges avaient un pendule.

En 1736, Harisson embarquait sa première montre marine.

Cet habile horloger anglais construisit, en 1758, l'horloge marine qui devait lui faire obtenir en 1764, après deux voyages successifs, le prix du Parlement anglais. Cet instrument était pourvu d'un échappement à roue de rencontre avec palettes en diamant, monté sur des trous en rubis ; une lame compensatrice corrigeait les effets de température.

Kindal, horloger anglais, fut chargé par le bureau des longitudes d'exécuter une seconde montre marine sur les dessins de Harisson.

A cette même époque, John Arnold, également Anglais, construisit plusieurs montres de même genre.

Les pièces de Harisson, Kindal et Arnold, embarquées en 1772 sur le vaisseau la *Révolution*, commandé par Cook, donnèrent des marches assez bonnes pendant tout le voyage.

A la suite de cette dernière épreuve, Harisson, âgé de 78 ans, reçut les 10,000 livres sterling qui lui restaient dues sur la récompense promise par le parlement anglais.

A la même époque, Mudge, Anglais, et Émery, d'origine suisse, établi à Londres, construisirent quelques montres marines dont les dispositions ne furent pas utilisées depuis.

Pendant cette période de progrès chronométriques considérables, la France ne resta pas inactive.

En 1720, Henry Sully, horloger anglais établi à Paris, se livra à des recherches qui furent interrompues, en 1728, par sa mort prématurée. L'horloge marine de Sully fut éprouvée à Bordeaux en 1726.

En 1750, de Rivaz, né dans le Valais, présenta à l'Académie royale des sciences une horloge avec remontoir d'égalité, échappement à roue de rencontre. Cette horloge fut éprouvée en mer pendant deux semaines.

Ferdinand Berthoud, né à Plancemont, comté de Neufchâtel, terminait, au commencement de 1761, une première horloge marine. Sa montre n° 3 fut achevée en septembre 1768.

Le 3 novembre de la même année, ce savant horloger livrait à MM. de Fleurieu et Pingré deux chronomètres de marine qu'il avait exécutés sur les ordres du roi et qui, pendant 214 jours de mer, donnèrent des résultats supérieurs à l'horloge qui avait valu à Harisson le prix de 20,000 livres sterling.

La Pérouse, dans son voyage autour du monde, a déterminé, avec les montres de F. Berthoud, trois cent quatre-vingt-quatorze longitudes. Soixante-neuf seulement avaient été obtenues par la méthode des distances de la lune au soleil.

Pierre Le Roy, fils aîné de Julien Le Roy, né à Paris en 1717, présenta le 18 décembre 1754, à l'Académie des sciences, le plan et la description d'une montre marine, qui ne fut pas exécutée.

Pierre Le Roy fit, quelques années plus tard, un autre chronomètre qu'il présenta, le 7 décembre 1763, à l'Académie des sciences. Il en présenta un second le 11 août 1764. Ces deux instruments, embarqués sur l'*Aurore* en mai 1767, furent éprouvés dans une traversée du Havre à Amsterdam et, en 1768, dans un voyage du Havre à Terre-Neuve.

Vers la fin du XVIe siècle, les montres de poche marchaient douze heures. Comme les horloges de clocher, elles avaient une seule aiguille.

Ces montres portaient souvent sur la cuvette une boussole, une table d'équation et un cadran solaire. Le propriétaire pouvait ainsi demander au soleil l'heure perdue par l'oubli du remontage de sa montre.

Il me semble inutile de vous faire remarquer, Messieurs, combien de nos jours une pareille façon de prendre l'heure serait insuffisante.

Au XVIe et au XVIIe siècles, les horlogers, ou plutôt les « orlogeurs », comme on le disait alors, jouissaient d'une grande considération; il leur était accordé, bien souvent, des privilèges fort enviables à cette époque. Les mémoires du temps constatent que le sieur Femoritté, horloger du « Roy », en 1629, demeurait au Louvre. Coudray et Jean du Jardin, autres « orlogers » du « Roy », sont désignés dans les mémoires du temps comme ayant assisté officiellement aux funérailles de François Ier.

Le prix des réparations faites à des pièces d'horlogerie vers la fin du XVIe siècle et le détail de ces mêmes réparations sont assez curieux à examiner. Il est dit : « que Maurice Bernard Ferry, valet de chambre du Roy de Navarre, reçut, en 1579, dix écus pour avoir racoustré, nettoyé et poly une grande monstre appartenant à Madame Marguerite de Valois, et refait trois roues neufves pour la sonnerye, ensemble le ressort du réveil matin, avec trois autres pièces au mouvement, de l'une des roues. Six écus, pour avoir racousté une autre petite monstre de la dite dame, qui est garnie de diamants et rubis, y avoir fait un grand ressort neuf, rempignonné la sonnerye, nettoyé le mouvement et y avoir mis des cordes neuves. »

A partir du commencement du XVIIIe siècle, la fabrication des montres de poche fit de rapides progrès, dont je vais vous parler, Messieurs, après vous avoir entretenu des usages de l'horlogerie astronomique et civile.

HORLOGERIE ASTRONOMIQUE

SES USAGES

On désigne sous le nom d'horlogerie astronomique les chronomètres de marine et les régulateurs d'observation.

Les chronomètres de marine servent à déterminer les longitudes à la mer. Ils sont également utilisés pour les travaux hydrographiques exécutés dans le but de construire de nouvelles cartes marines ou de rectifier les anciennes.

Lorsqu'un navire, pendant plusieurs semaines, perd la terre de vue, il est de toute nécessité que le commandant, à un moment quelconque, puisse pointer sur une carte marine la place exacte occupée par son bâtiment sur la surface du globe. A cette condition, et à cette condition seulement, celui à qui est confié la fortune des uns, la vie des autres, suivant pas à pas la marche de son bâtiment sur l'Océan, pourra prendre la route la plus courte et la moins dangereuse, y revenir s'il s'en est écarté, éviter les écueils, et, enfin, après une longue traversée, atterrir au port de destination avec précision et sécurité.

Ce problème si difficile de navigation a été résolu par les chronomètres de marine avec une précision difficilement perfectible.

C'est à l'invention de ces instruments, aux perfectionnements apportés dans leur construction, à la précision merveilleuse de leur marche, que la navigation sur les mers lointaines est devenue de nos jours plus rapide et moins dangereuse.

Avant de vous faire toucher du doigt, Messieurs, les avantages considérables qui résultent de l'emploi à la mer des chronomètres de bord, permettez-moi de vous dire quelques mots des diverses méthodes de navigation, après vous avoir rappelé la valeur de quelques-uns des termes astronomiques dont on fait, dans la marine, un usage journalier.

On navigue, à l'estime, à l'aide d'observations astronomiques, sans chronomètre ou avec chronomètre.

Navigation par l'estime.

L'estime est la détermination de la position d'un navire à l'aide des instruments qui servent à diriger sa route et à mesurer le chemin parcouru.

L'estime, indépendante des observations astronomiques, demande, par suite de l'imperfection des méthodes dont elle dispose, à être souvent rectifiée.

Pour mesurer le chemin parcouru par un navire, on emploie un instrument désigné sous le nom de loch.

Le loch est composé d'un petit secteur en bois ABC (*fig.* 1) nommé bateau du loch, dont l'arc BC est garni d'une lame de plomb, afin de l'obliger à plonger des deux tiers dans l'eau, quand on en fait usage.

Fig. 1. — Loch servant à mesurer la vitesse d'un navire.

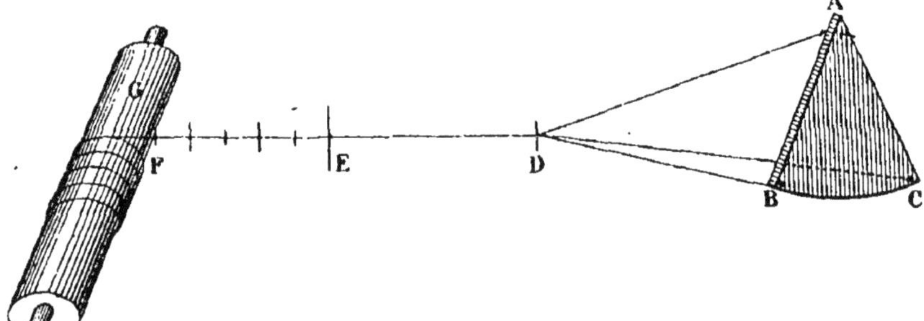

Les trois angles A, B, C, de ce secteur sont réunis en D par trois cordes de même longueur. La corde AD est munie d'une cheville que l'on fait entrer un peu fortement dans un tube de bois fixé en D, tandis que les cordes BD, CD, sont solidement attachées à ce même point D.

Une corde DEF, nommée ligne de loch, vient s'enrouler sur un cylindre G, appelé tour de loch.

La ligne de loch à partir d'un point déterminé E, marqué très visiblement par un morceau d'étamine rouge, est divisée en fractions égales de 45 pieds, ou $14^m,6$ chacune, qu'on appelle nœuds.

Pour mesurer le chemin parcouru, un homme placé à l'arrière du navire jette le bateau de loch à la mer. La ligne de loch se déroule. Au moment où le point E passe entre ses doigts, un deuxième homme renverse un sablier de 15 ou 30 secondes, suivant la vitesse du navire. Le sable complètement écoulé, le déroulement de la ligne est brusquement arrêté à la main, ou par un moyen mécanique. Il se produit, de ce fait, un déclanchement de la cheville, qui retient la corde AD. Le bateau de loch, prenant alors une position horizontale, est facilement ramené à bord.

Le chemin parcouru en un temps donné se détermine ensuite par le nombre de nœuds filés.

La direction de la route que suit le navire est indiquée par le compas de route.

Le compas de route est une boussole appropriée à l'usage de la navigation.

La direction indiquée par le compas de route doit être corrigée pour avoir la direction vraie que l'on suit sur le globe, non seulement de la variation, c'est-à-dire de la différence entre la méridienne magnétique et la méridienne du lieu, mais encore de la dérive qui modifie la direction apparente de la route, lorsque le vent agit obliquement dans les voiles du navire.

Enfin, par un vent favorable, on est obligé de courir des bordées, c'est-à-dire de suivre une marche représentée par une ligne brisée. Ces diverses routes sont réduites en une seule au moyen de tables ou d'un instrument spécial désigné sous le nom de quartier de réduction.

Ayant les données de l'estime, la route corrigée et le chemin réel, on détermine chaque jour vers midi la position du navire sur la surface du globe. Cette opération s'appelle faire le point.

L'estime, vous le comprenez facilement, Messieurs, donne le plus souvent des erreurs importantes. Il est donc absolument nécessaire, quand on doit pour longtemps perdre la terre de vue, de recourir aux observations astronomiques.

Navigation à l'aide d'observations astronomiques.

Comme je l'ai dit précédemment, avant de vous entretenir des observations astronomiques, il est nécessaire que je vous rappelle, Messieurs, la valeur de quelques-uns des termes en usage dans la navigation.

Sur une sphère (*fig.* 2) représentant la terre, les pôles étant en P et P' l'axe terrestre est représenté par la ligne PP'.

Le grand cercle GG' perpendiculaire à l'axe terrestre et qui partage le globe en deux hémisphères, porte le nom d'équateur.

Les méridiens sont des grands cercles PCP' passant

par l'axe de la terre et, par conséquent, perpendiculaires à l'équateur.

Le méridien du lieu B est celui qui passe par ce lieu.

Fig. 2. — Sphère représentant le globe terrestre

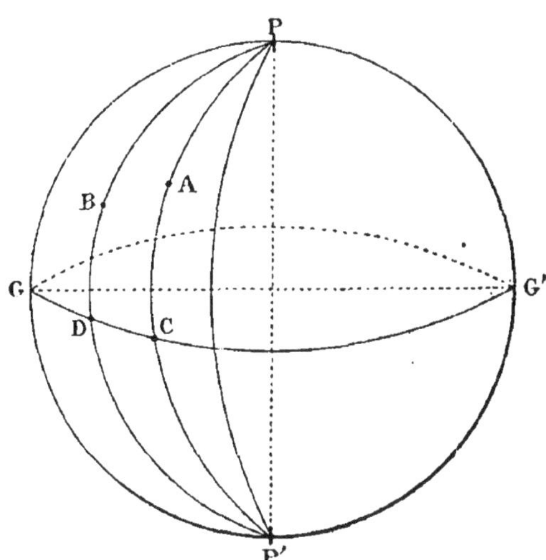

Le premier méridien, méridien de convention, est celui qui sert de point de départ pour déterminer la longitude d'un lieu. Si Paris est représenté par le point A, le premier méridien, pour les Français étant celui de Paris, serait représenté par le grand cercle PAP'.

La longitude d'un lieu est la distance de ce lieu au premier méridien, comptée sur l'équateur. La longitude du lieu B est donc l'angle CPD compris entre le méridien de Paris et celui du lieu B.

La latitude d'un lieu B est l'angle formé dans le plan du

méridien par la verticale et le plan de l'équateur; c'est-à-dire, sûr le méridien du lieu, la distance BD de ce lieu à l'équateur.

Il est donc constant que, si l'on connaît la longueur BD et la valeur de l'angle APB, on connaîtra la position exacte du lieu B par rapport au point connu A. Ce qui revient à dire que la position d'un point quelconque sur la surface du globe est établie lorsque la latitude et la longitude de ce point sont déterminées.

La latitude d'un lieu est facile à trouver, en prenant la hauteur méridienne d'un astre. Cette observation est très simple et absolument exacte.

La longitude, bien au contraire, ne peut être déterminée, sans chronomètre, que par les distances lunaires.

Sans m'arrêter aux difficultés, aux complications et aux erreurs dépendantes de ce genre d'observations astronomiques, je vous prie de remarquer, Messieurs, que pour faire ces observations, il faut un concours de circonstances difficiles à réunir à la mer.

En effet, non seulement les deux astres doivent être apparents en même temps au-dessus de l'horizon, mais il est indispensable que le ciel soit clair, l'atmosphère pure, le temps calme.

Avec les chronomètres de marine, si l'instrument marche d'une façon correcte, les observations sont faciles et la longitude est déterminée avec la plus grande précision. Il suffit, en effet, de calculer l'heure moyenne du lieu, en prenant, avec un instrument à réflexion, soit un octant, un sextant, ou un cercle, la hauteur du soleil.

Et comme la longitude d'un lieu n'est autre chose que la différence des heures que l'on compte au même instant sur le méridien de Paris et sur le méridien du lieu, il faut donc, pour obtenir cette différence, comparer l'heure trouvée par le calcul de hauteur du soleil, avec l'heure de Paris au même instant, heure qui a été conservée exactement par le chronomètre du bord. En réduisant cette différence en degrés, la longitude du lieu est déterminée.

Ce mode de procéder est très simple, exact et possible presque par tous les temps.

Vous devez comprendre maintenant, Messieurs, les services immenses que les chronomètres de marine ont rendus il y a un siècle et rendent encore de nos jours à l'industrie, au commerce, à la science, à l'humanité.

Après la tempête, après ces nuits épouvantables pendant lesquelles le vaisseau, emporté loin de sa route par l'ouragan furieux, est comme perdu sur l'Océan immense, c'est grâce à la marche régulière des chronomètres, que, sans grande difficulté, le capitaine retrouve la place que son navire occupe à nouveau sur la surface du globe ; c'est à la précision excessive de cet instrument que, le plus souvent, le navigateur doit son salut.

Ceci explique, Messieurs, les soins excessifs dont les chronomètres de marine sont l'objet à bord des vaisseaux.

Confortablement installés dans une cabine dont la température est à peu près constante, ces instruments, construits pour marcher cinquante-deux heures, sont remontés chaque jour à midi par un officier chargé spécialement de ce service. Afin d'éviter un oubli dont les conséquences seraient déplorables, l'officier attaché au service des montres ne peut prendre son repas que sur la présentation d'un jeton qui lui est remis par un tiers, après qu'il a été constaté par ce tiers que le remontage du chronomètre a été régulièrement effectué.

On embarque, sur les navires de commerce, le plus souvent un seul chronomètre ; sur les vaisseaux de l'État, trois ou cinq de ces instruments. Les bâtiments partant pour une mission hydrographique emportent jusqu'à quinze chronomètres. On obtient ainsi par des moyennes une très grande précision.

Régulateurs astronomiques et chronomètres.

Les horloges astronomiques rendent journellement à la science des services d'un ordre véritablement supérieur.

Dans les ports militaires et de commerce, ces horloges de précision, gardiennes du temps, servent notamment, au moment de l'embarquement des chronomètres de marine, à donner l'heure exacte de Paris. Elles sont également utilisées pour les observations astronomiques les plus complexes et les plus variées. Enfin, grâce à leur concours, les astronomes ont pu non seulement déterminer rigoureusement les longitudes des points terrestres, mais encore les positions respectives des astres et les lois suivant lesquelles les corps célestes se meuvent. Dans l'atelier du constructeur, le régulateur astronomique, dont les marches diurnes sont presque nulles, est indispensable pour le réglage des chronomètres de marine et des montres de précision.

C'est, enfin, par la différence des longueurs du pendule que la forme de la terre a été découverte.

Je viens de vous faire connaître, Messieurs, les principaux usages de l'horlogerie astronomique et les services considérables que rendent ces instruments. Ces services sont la véritable raison pour laquelle cette branche de l'horlogerie scientifique a toujours été l'objet de la sollicitude la plus vive, et des encouragements les plus sérieux de la part des gouvernements qui possèdent une marine importante.

Ces encouragements donnés aux chronométriers furent de tout temps très nombreux.

Vers 1610, les États de Hollande décidèrent qu'un prix de 100,000 florins, serait donné pour la découverte des longitudes en mer. A la même époque, Philippe III, roi d'Espagne, offrit dans le même but 100,000 écus. Le régent de France, par une lettre adressée à l'Académie des sciences, en date du 15 mars 1716, constituait dans les mêmes conditions un prix de 100,000 livres. Ces récompenses ne furent pas décernées, aucun artiste d'alors ne put faire un instrument suffisamment parfait.

En 1714, par acte du Parlement, le gouvernement anglais promit 20,000 livres sterling à celui qui produirait un chronomètre de marine ne donnant pas une erreur supérieure à un demi-degré. Ce prix, modifié par les actes de la reine Anne, et de la 2e année du règne de George III, fut décerné en 1765 à Harisson, pour sa quatrième montre marine, celle sur laquelle il avait appliqué une lame compensatrice.

M. Rouillé de Meslay, fonda en France, en 1718, le prix de l'Académie des sciences qui devait être décerné principalement pour les inventions se rapportant à la découverte des longitudes en mer.

Un accessit de ce prix fut attribué, en 1720, à Nicolas Massy, Hollandais, établi à Paris, pour la manière la plus parfaite de conserver sur mer l'égalité d'une pendule.

En 1725, le même prix fut décerné à Daniel Bernouilli, de Bâle, pour la manière la plus parfaite de conserver sur mer l'égalité du mouvement des clepsydres et des sabliers. Bernouilli reçut un nouveau prix en 1747.

En 1769, ce prix fut accordé à titre d'encouragement à Pierre Le Roy, pour avoir déterminé la meilleure manière de mesurer le temps à la mer. Dans les mêmes conditions de concours, Pierre Le Roy reçut à nouveau le prix en 1773, et Arsendeaux un accessit.

En 1770, il fut accordé à Ferdinand Berthoud, par le ministre de la marine, à titre de récompense, une rente viagère de 3,000 livres.

De nos jours, les chronomètres de marine sont achetés par le gouvernement français, à la suite d'un concours.

Primitivement, ce concours avait lieu à l'Observatoire de Paris. Les chronomètres étaient observés pendant une année à la température ambiante. Des marches diurnes moyennes étaient établies pour les premiers dix jours de chaque mois. Avec les marches moyennes ainsi obtenues, on calculait l'heure que devait indiquer l'instrument en observation 90 jours après : le chronomètre n'était acheté par l'État que si l'erreur extrême, c'est-à-dire la plus grande différence entre l'heure calculée et l'heure constatée au chronomètre après 90 jours de marche, n'excédait pas 120 secondes.

Après quelques années d'expérience, ce mode de procéder fut abandonné ; les concours se firent alors au Dépôt des cartes et plans.

Les observations duraient trois mois. Les chronomètres étaient soumis dans une étuve, puis dans une glacière, aux températures extrêmes de 0 degré et 30 degrés centigrades. Le nombre servant pour le classement était obtenu en ajoutant à la plus grande variation en marche diurne la plus grande variation aux températures extrêmes.

Depuis quelques années, de nouvelles modifications ont été apportées à ce programme ; aux écarts des marches diurnes et de températures, on ajouta les écarts provenant du défaut d'isochronisme du spiral.

Je dois constater que, malgré ces difficultés toujours

croissantes, de nos jours les constructeurs de chronomètres y satisfont pleinement. L'un d'eux, membre du conseil d'administration de notre École d'horlogerie, obtient même des marches si précises que, presque chaque année, la prime de 2,000 francs, accordée par le gouvernement français aux chronomètres classés premiers dans des conditions de marches exceptionnelles, lui est décernée.

Puisque je vous ai parlé, Messieurs, des concours de chronomètres et des conditions exigées par l'État pour l'achat de ces instruments, permettez-moi de vous faire remarquer également que la bonté d'une pièce d'horlogerie ne dépend pas de la quantité de minutes, de secondes ou de fractions de secondes dont cette pièce varie chaque jour, mais bien de la stabililité et de la régularité de sa marche diurne.

La marche diurne d'un chronomètre ou d'une montre est, vous ne l'ignorez pas, Messieurs, l'avance ou le retard de ce chronomètre ou de cette montre, en vingt-quatre heures, sur le temps moyen.

La différence entre les marches diurnes extrêmes d'un instrument s'appelle la variation.

La marche diurne étant un facteur connu, il est facile d'en tenir compte dans les calculs de l'heure.

La variation, au contraire, est un facteur inconnu, indéterminé, dont il est impossible au navigateur de tenir compte dans ses observations à la mer. La variation est donc une cause d'erreur pour la détermination de l'heure.

Aussi peut-on affirmer que l'instrument le plus parfait pour mesurer le temps est celui dont la variation est la moindre, et non celui dont la marche diurne est la plus réduite.

Supposons, en effet, un chronomètre de marine exactement à l'heure au temps moyen, et ayant une marche de deux secondes d'avance par jour. Si, contrairement aux prévisions, cet instrument, par des différences moyennes en avance et en retard, se trouvait à nouveau parfaitement à l'heure, après une période de soixante jours, il mettrait l'observateur en erreur de deux minutes. En effet, l'avance, prévue sur le temps moyen après cette période de deux mois, qui devait être de deux minutes, serait annulée à tort par l'instabilité de la marche diurne.

Au moment du départ d'un vaisseau, on remet, avec les chronomètres de bord, à l'officier chargé des montres, une feuille signée du directeur de l'Observatoire du port d'embarquement, constatant officiellement la marche diurne et l'état absolu de l'instrument.

Vous savez, Messieurs, en quoi consiste la marche diurne d'une pièce d'horlogerie ; je ne vous en parle donc pas à nouveau.

L'état absolu d'un chronomètre est la différence entre l'heure indiquée par ce chronomètre et l'heure exacte de Paris à une même époque. Les pièces de précision ne sont jamais remises à l'heure, l'état absolu est donc bien rarement nul.

Le premier méridien étant l'origine des longitudes, et

midi l'origine du jour, il est d'usage, en France, de donner l'état absolu des chronomètres au midi moyen de Paris.

Le vaisseau, en quittant le port, emporte donc, grâce aux montres de marine, l'heure rigoureusement exacte de Paris.

Je dis l'heure exacte, et j'insiste sur ce point, car tout le monde ne voit pas l'heure de la même façon. Celui-ci, en regardant un régulateur, dit : Il est midi passé. Un autre, plus précis dans la détermination de l'heure, reprend : Il est midi et quart. L'horloger, qui écoute, fait remarquer qu'il est midi douze minutes. L'astronome répond : Vous faites erreur ; il est zéro heure, douze minutes, vingt-cinq secondes, trente-deux centièmes de seconde.

HORLOGERIE CIVILE

SES USAGES

On désigne sous le nom d'horlogerie civile les produits de cette industrie qui sont utilisés spécialement pour les usages ordinaires de la vie civile.

L'horlogerie civile est plus commerciale et industrielle que scientifique. On n'exige pas, en effet, des horloges publiques, des pendules et des montres la précision excessive qui est la condition *sine qua non* de l'horlogerie astronomique. On demande que ces instruments, abstraction faite des chronomètres de poche et de quelques montres compliquées, aient une marche journalière réduite et suffisamment constante pour les usages auxquels ils sont destinés. Il faut enfin que leur valeur soit abordable pour le plus grand nombre.

L'horlogerie civile se subdivise comme suit :

Horlogerie monumentale ou grosse horloge;
Pendules d'appartements;
Pendules portatives dites de voyage;
Montres de poche.

Les usages de l'horlogerie civile sont innombrables. Cette production horlogère est utilisée pour tous nos besoins. Elle orne les façades de nos monuments publics, elle fait partie de nos mobiliers, elle est dans toutes nos poches. Est-il nécessaire de vous énumérer ses usages si divers ? Je ne le crois pas. Vous les connaissez tous, Messieurs ; vous les connaissez surtout par les services innombrables qu'ils vous rendent.

Il ne faut pas oublier que l'heure, l'heure exacte, et la facilité la plus grande pour se la procurer, est un besoin de premier ordre pour les populations intelligentes et travailleuses de nos villes.

Dans ce cercle de découvertes prodigieuses, de progrès constants, d'activité fiévreuse, le temps est pour tous les citoyens le plus précieux des biens. Et pour tirer le meilleur profit de ce temps, malheureusement trop court, il faut que chacun ait l'heure précise.

L'heure, n'est-ce pas l'exactitude dans les affaires, la régularité dans la vie sociale, la fortune pour l'un, la santé pour l'autre ?

Dans une grande cité comme Paris, dans un pays couvert de lignes télégraphiques et de chemins de fer, comme la France, l'heure, pour tous, doit être absolument uniforme. A cette condition seulement, les transactions sont faciles, je dirai même possibles. Aussi j'affirme, Messieurs, que notre corporation, en vulgarisant l'heure de plus en plus depuis un demi-siècle, en la donnant facilement à tous, en la prodigant partout, a rendu d'immenses services à l'humanité, à la civilisation, au pays.

Les anciens disent : Autrefois, dans le bon vieux temps, tout allait bien. Les montres de nos grands-pères étaient parfaites ; vos inventions nouvelles sont inutiles et coûteuses ; l'horlogerie de nos jours ne vaut pas l'horlogerie de nos pères. Du reste, finissent-ils pas dire en manière de péroraison, « à notre époque, le soleil suffisait pour donner l'heure ».

Erreur, tout cela, erreur et ignorance. Nos ancêtres n'avaient aucun point de repère pour juger si leurs montres marchaient bien. J'ajoute que ces montres marchaient d'une façon déplorable.

Elles feraient triste figure, ces montres de nos aïeux, si on comparait leur soi-disant régularité avec celle des montres modernes à ancre et si l'on constatait leurs variations journalières aux centres horaires qui indiquent l'heure de l'Observatoire de Paris, centres horaires que le Conseil municipal a mis si heureusement à la disposition du public parisien. Enfin je me résume en disant que les montres des XVIIe et XVIIIe siècles, fort remarquables pour l'époque, étaient incomplètes de mécanisme et médiocres d'exécution.

Quant au soleil, je ne veux point l'outrager.... Il est cependant certain que cet astre radieux n'est pas immuable.

Il se déplace en 365 jours 5 heures 49 minutes sur l'écliptique, suivant une ligne oblique à l'équateur.

Ce déplacement, qui n'enlève rien à sa majesté, a le grand désagrément de rendre inégaux les jours vrais. Les astronomes ont même dû inventer un soleil fictif et créer ainsi, pour la commodité des mortels, un jour moyen dont la durée toujours égale est de 24 heures.

Vous pouvez apprécier maintenant, Messieurs, combien est erroné le midi annoncé à la population parisienne par le bruyant canon du Palais-Royal. Cette modeste pièce d'artillerie ne résonne qu'au moment du passage du soleil au méridien ; elle ne peut donc indiquer que le midi vrai.

Les cadrans solaires, ces antiques précurseurs de l'horlogerie, apportés en Judée par leurs inventeurs, les Chaldéens ou les Phéniciens, et dont l'origine, ainsi que celle des clepsydres ou horloges d'eau, remonte, affirment les savants, à 740 ans avant Jésus-Christ, indiquaient également le temps vrai. Ces instruments, fort primitifs, étaient en continuel désaccord avec l'heure moyenne ou civile.

Cette différence entre le temps vrai et le temps civil, qui varie, dans l'année, de 16 minutes en avance à 16 minutes en retard, suivant les saisons, est-il besoin de vous le rappeler, Messieurs, s'appelle l'équation du temps.

Le temps moyen n'est officiellement en usage, dans notre grande cité, que depuis cinquante-huit ans.

En 1828, sur les ordres de M. le comte de Chabrol de Valvic, alors préfet de la Seine, et de M. le vicomte d'Héricourt, directeur des finances, Pierre-Michel Lepaute fils, horloger du Roi, plaça à la Bourse l'horloge qui y est encore de nos jours. Cette horloge, qui fut payée 30,000 francs, indiqua, la première, à Paris, le temps moyen.

Cet événement fit grand bruit alors. L'horloge de Lepaute réduisit au silence le canon du Palais-Royal.

Le fait était considérable; le public obtenait, pour la première fois, les moyens de connaître facilement l'heure exacte.

Les souvenirs des Galeries de Bois; le souvenir de Camille Desmoulins lui-même, ne purent retenir les raffinés de l'heure au midi vrai du Palais-Royal.

Les jardins de l'ancien palais du régent devinrent déserts. On se rendait, en masse, aux environs de midi, place de la Bourse, pour prendre, comme on le disait alors, l'heure de la Bourse. Cette heure, elle-même, devait bientôt devenir insuffisante; les progrès modernes en exigèrent une nouvelle, plus exacte : l'heure de l'Observatoire.

La possibilité d'avoir à chaque minute l'heure moyenne fut le point de départ d'un changement complet dans la grosse horlogerie.

Les vieilles horloges de clochers, grossièrement exécutées, pour la plupart, dépourvues d'un mécanisme correcteur d'équation, marchant trente heures, ayant une aiguille unique de marche irrégulière; toutes ces horloges d'un autre âge ne répondaient plus à nos besoins modernes. Elles étaient destinées à disparaître. On ne voulait plus de cette serrurerie imparfaite, qui demandait une remise à l'heure journalière, remise à l'heure confiée, le plus souvent, à un apprenti distrait, qui, investi de la confiance du maître, donnait à l'aiguille insoumise le coup de pouce nécessaire, après avoir opéré le remontage des poids.

En dehors des diverses catégories que je vous ai indiquées, Messieurs, comme composant l'horlogerie civile, il y a lieu de vous faire remarquer que cette branche fort importante de l'horlogerie, est utilisée journellement par des industries similaires.

Les compteurs de toutes sortes, les enregistreurs de toute nature, les récepteurs, les sonneries, les réveils, les carillons, les sphères mouvantes, les régulateurs de force motrice, les combinaisons et les complications si diverses des répétitions, des secondes indépendantes, des calendriers, des montres donnant l'heure de tous les pays, etc., etc...., appartiennent absolument à l'horlogerie civile. Les lampes Carcel, la télégraphie, les jouets mécaniques, les oiseaux chanteurs, les boîtes à musique, les serrures automatiques, les tourne-broches et toutes les productions de ce genre, sont des applications directes de l'horlogerie civile.

Le Conservatoire des arts et métiers possède des jeux d'orgues de Vaucanson fort remarquables. Ces orgues sont mues par un mouvement d'horlogerie.

Aussi, dans les industries de mécanique, et surtout de précision, n'est-il pas rare de voir des hommes ayant débuté dans l'horlogerie acquérir une grande célébrité.

George Graham, Watt, Fardoël, Carcel, Gambey, Deshais, Pierre Saulnier, Robert Houdin, primitivement horlogers, sont devenus plus tard des mécaniciens d'une grande réputation.

HORLOGERIE

SES PROGRÈS

Les principaux centres de fabrication pour l'horlogerie civile sont :

En France : Paris, la Haute-Savoie, les départements du Doubs et du Jura, Saint-Nicolas d'Aliermont, grand village situé près Dieppe dans la Seine-Inférieure.

En Angleterre : Londres et Coventry,

En Suisse : la fabrication des montres de poche est considérable. Dans les cantons de Genève, de Neufchâtel, de Berne et de Zurich, il existe de nombreux centres horlogers.

En Autriche : à Vienne.

En Allemagne : à Leipzig et dans la forêt Noire, la pendulerie de toute sorte est établie en grande quantité.

Enfin, depuis une vingtaine d'années, les Américains des États-Unis du Nord ont créé dans cette contrée d'importantes manufactures d'horlogerie civile.

L'horlogerie astronomique, c'est-à-dire la chronométrie

et les régulateurs, est fabriquée principalement en Angleterre et en France. La Hollande, la Prusse, le Danemark, la Norwège et les États-Unis du Nord possèdent quelques artistes de grand mérite qui établissent annuellement un petit nombre de ces instruments.

Les manufacturiers suisses se sont occupés de chronométrie de marine, mais plutôt à titre d'essai qu'à titre de fabrication.

De nos jours, à de rares exceptions, les chronométriers de tous les pays construisent suivant les mêmes règles et les mêmes principes. On peut affirmer que les mouvements des montres marines sont presque toujours identiques. L'aspect extérieur de la boîte est seul différent.

La force motrice; les proportions; les grandeurs et les positions respectives des mobiles; le tracé théorique de l'échappement; sa construction ; le poids et la grandeur du balancier ; la longueur et la grosseur du spiral réglant toutes les parties constitutives de l'instrument, sont établies sur des données presque semblables.

Les compensations auxiliaires; les courbes des spiraux, qui modifient très sensiblement les conditions générales du réglage sont, dans les chronomètres de marine, les seuls organes qui offrent, chez certains auteurs, des différences réelles de construction.

Cette communauté de règles, d'idées et de principes chez les artistes qui s'occupent spécialement de chronométrie de marine, est, soyez-en certain, Messieurs, la résultante d'une longue et minutieuse expérience des praticiens, alliée aux études approfondies des savants.

Comme toutes les pièces d'horlogerie, le mécanisme d'un chronomètre de marine se décompose comme suit :

1° La force motrice obtenue par la chute d'un poids, ou la tension d'un ressort ;

2° Le rouage, série de roues et de pignons servant à transmettre la force motrice à l'échappement ;

3° L'échappement, mécanisme composé d'un certain nombre de pièces, dont la propriété principale est de donner une impulsion toujours égale au balancier, malgré les variations de force du rouage ;

4° Le balancier et son spiral, régulateur de la dépense de force motrice ;

5° La minuterie, le cadran et les aiguilles, enregistreurs du temps écoulé.

De la force motrice.

La force motrice pour l'horlogerie non transportable est obtenue par la descente verticale d'un poids suspendu à une corde enroulée sur un tambour. Ce tambour porte une roue dentée qui engrène avec le rouage. Dans l'horlogerie portative, cette même force motrice est produite par la tension d'un ressort en acier trempé. Ce ressort est contenu dans un tambour creux, qu'on désigne sous le nom de barillet.

L'avantage du poids employé comme moteur est de produire une force toujours égale.

L'application du poids aux horloges remonte à l'an 850. Elle est due, affirme-t-on, à Pacificus, archidiacre de Vérone.

En 1484, Valtherus fit, l'un des premiers, des observations astronomiques avec une horloge à poids.

Les premières horloges de marine, de Ferdinand Berthoud, étaient construites avec un poids moteur. Les derniers instruments exécutés par ce savant horloger étaient pourvus d'un ressort et d'une fusée.

Au commencement du siècle, Abraham Bréguet construisit quelques horloges astronomiques doubles avec un seul poids moteur. Ce poids exerçait son action sur deux rouages et deux échappements.

De nos jours, le poids est employé comme force motrice pour l'horlogerie monumentale et les régulateurs astronomiques.

Les perfectionnements considérables apportés depuis le commencement du XIXe siècle dans la conception et l'exécution des pièces d'horlogerie ont permis l'usage d'une force motrice réduite, et, par suite, l'emploi de poids relativement légers.

Comme je viens de le dire, le ressort moteur est une lame mince en acier trempé, revenue à la couleur bleue, afin de lui donner plus d'élasticité. Ce ressort, relativement long, affecte la forme d'une spirale de grande dimension. Il est enroulé sur lui-même et contenu dans une pièce creuse désignée sous le nom de barillet.

Le ressort occupe les deux tiers de l'intérieur du barillet.

La force motrice est obtenue par la tension du ressort autour d'un arbre lisse et central.

Le barillet qui renferme le ressort moteur est denté ou lisse.

Fig. 3. — Barillet denté avec son arbre, sa bonde et son couvercle.

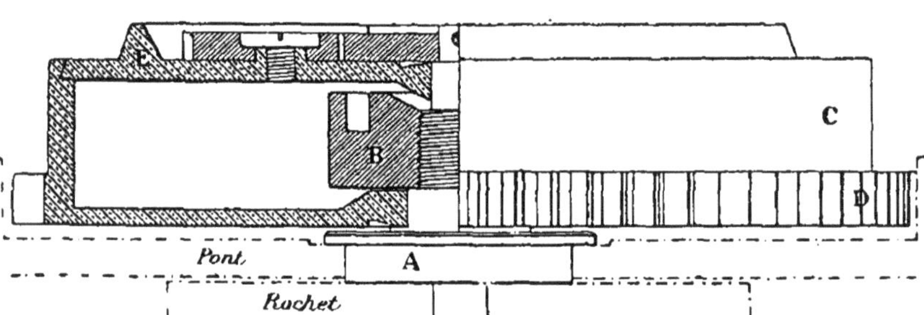

Le barillet est denté (*fig.* 3 et *fig.* 4) lorsque la circonférence de sa base est munie d'un certain nombre de dents qui engrènent, avec le pignon du rouage ; dans ce cas, la force motrice est transmise directement au rouage, sans aucun correctif, c'est-à-dire avec toutes les inégalités dont elle est susceptible.

Si, au contraire, le barillet F est lisse (*fig.* 5), c'est-à-dire non muni d'une roue dentée, cette pièce est alors rattachée à une deuxième pièce intermédiaire A A' ,désignée sous le nom de fusée, par la chaîne G très souple et en acier. Dans ces conditions, la fusée porte à sa base la roue dentée qui engrène avec le rouage.

L'avantage de la fusée est considérable. Cette pièce intermédiaire est une sorte d'égalisateur de la force motrice.

Fig. 4. — Plan du barillet denté, côté du couvercle.

L'arrêtage, composé des pièces : F croix de Malte, et H doigt d'arrêt, sert à arrêter les efforts de la main et limite la tension du ressort au moment du remontage.

Je vais m'efforcer, Messieurs, de vous le faire comprendre.

Si on remonte une pendule ou une montre, on tend d'autant plus le ressort moteur qu'on fait un plus grand nombre de tours avec la clef. Au bas, c'est-à-dire pendant la première partie du remontage, la force est sensiblement moindre qu'en haut, c'est-à-dire lorsque le ressort est complètement armé. La puissance d'un ressort est donc d'autant plus considérable, que la tension est plus grande.

Fig. 5. — Barillet et fusée d'un chronomètre de marine.

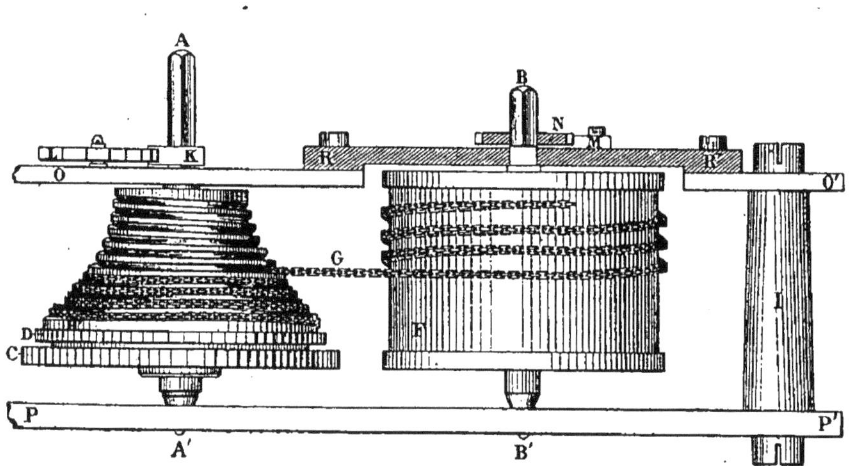

Il suit de là, que la force motrice obtenue par la tension d'un ressort est forcément d'une grande inégalité ; cette force s'affaiblit graduellement au fur et à mesure de son écoulement. Il était urgent de remédier à ce grave défaut. La fusée en a fourni les moyens.

La fusée A A′ (*fig.* 5) est une sorte de cône tronqué, plus large à sa base qu'à son sommet, sur lequel s'enroule une chaîne en acier G, chaîne qui relie cette pièce au barillet F. Lorsque le ressort est complètement tendu, la chaîne agit sur le diamètre le plus petit de la fusée, et ce diamètre augmente en proportion de la diminution de cette même force. On corrige ainsi, par la différence de longueur du bras de levier, l'inégalité de la force du ressort. On la rend ainsi égale pendant toute la durée de son écoulement.

La fusée est l'une des inventions les plus remarquables de l'horlogerie ; malheureusement, son auteur est resté inconnu.

La première application de la fusée dans les montres de poche date de la fin du XVIe siècle. A cette époque, on se servait d'une corde à boyau pour relier le barillet à la fusée.

Comme l'inventeur de la fusée, l'inventeur de la chaîne est resté inconnu.

Pour remonter le poids d'un régulateur, ou le ressort d'un chronomètre à fusée, il faut tourner la clef en sens contraire de la force motrice. La force est ainsi momentanément suspendue, ce qui produit un arrêt passager du mouvement.

Harisson, pour remédier à cet inconvénient, imagina un ressort supplémentaire placé dans l'intérieur de la fusée. Ce ressort, armé par le fait même du remontage, produit une force auxiliaire suffisante pour entretenir la marche du mouvement pendant cette opération.

Le ressort auxiliaire est employé dans tous les mouvements d'horlogerie à fusée, et dans les horloges astronomiques à poids.

De nos jours, la fusée est toujours utilisée dans la chronométrie de marine. Le barillet denté ne fut employé dans cette sorte d'horlogerie que par Pierre Le Roy, Bréguet et Henri Robert père.

Les Anglais fabriquent en grand nombre des montres de poche et des pendules portatives à fusée.

Les Suisses et les Français emploient le barillet denté pour les montres de poche. La force obtenue ainsi est suffisamment égale, si l'on a la précaution de faire usage d'un ressort, faisant un assez grand nombre de tours pour permettre de négliger l'emploi du premier et du dernier tour de remontage, pendant la marche de l'instrument.

Bréguet a construit des chronomètres de marine avec quatre barillets dentés.

La pendulerie parisienne et la pendulerie allemande emploient le barillet denté. Ce système produit souvent, surtout pour la pendulerie de voyage, de grandes irrégularités de marche.

M. Résal, membre de l'Institut, a déterminé scientifiquement la loi de tension des ressorts en acier.

MM. Rozé père et fils ont également traité très savamment cette question.

M. Ad. Philippe, de Genève, a employé le ressort glissant sans arrêtage.

Dans beaucoup de pièces d'horlogerie, le développement

du ressort, c'est-à-dire le temps écoulé depuis le remontage du ressort, est indiqué extérieurement par une aiguille sur un cadran spécial.

Du rouage.

Depuis plusieurs siècles, le rouage a subi peu de modifications importantes.

Le rouage se compose de trois mobiles (*fig*. 6 et *fig*. 7) : 1° le pignon de centre B dans lequel engrène le barillet

Fig. 6. — Rouage d'une montre.

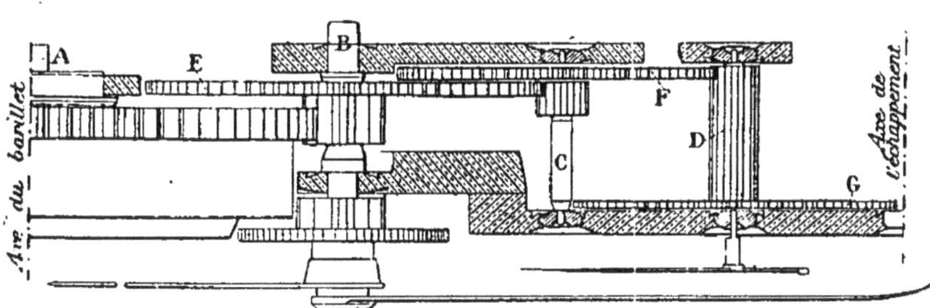

et qui porte la roue du centre ou grande moyenne E ; 2° la petite moyenne F monté sur son pignon C ; 3° la roue de champ ou de secondes G et son pignon D. Cette dernière roue engrène avec le pignon de la roue d'échappement.

A la fin du XVIe siècle, les montres avaient un mobile de moins, aussi ne marchaient-elles que douze heures.

Depuis la fin du siècle dernier, le rouage des pièces d'horlogerie a été beaucoup amélioré, par une exécution plus parfaite et une application plus correcte des principes de la théorie des engrenages.

De nos jours, les roues et les pignons sont taillés avec précision par les machines modernes. Les pignons nombrés,

Fig. 7. — Plan d'un rouage de montre.

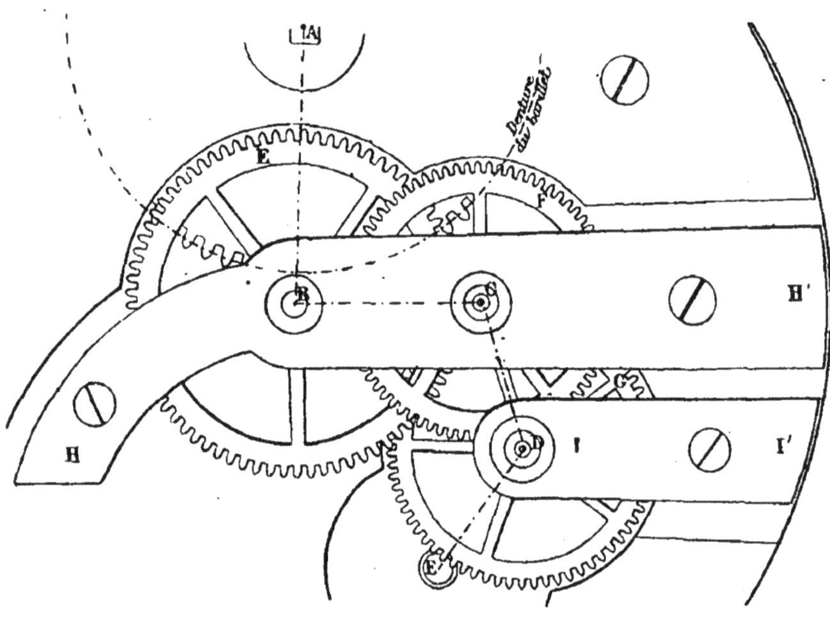

préférables sous tous les rapports, sont adoptés d'une façon uniforme dans l'horlogerie. Les formes des dentures sont bonnes depuis l'invention de la fraise Hungold. En somme, il y a progrès et facilité de travail dans cette partie du mécanisme des machines à mesurer le temps.

De l'échappement.

L'échappement est la partie du mouvement d'horlogerie qui a subi le plus de transformations heureuses en même temps que d'améliorations réellement utiles.

L'échappement le meilleur est celui qui donne au régulateur une impulsion toujours égale avec le moins de frottement et de perte de force possible laissant, l'impulsion donnée, le balancier libre dans ses oscillations.

Les inventeurs, les artistes de premier ordre, imbus de ces principes, comprenant la nécessité d'obtenir un échappement parfait, ont particulièrement étudié cette question, et ils ont fait de tout temps de grands efforts pour obtenir une solution conforme à leurs idées.

Huyghens trouva l'échappement à palettes.

Clément, établi à Londres, et le docteur Hook, horloger anglais, revendiquaient l'un et l'autre, en 1680, l'invention de l'échappement à ancre.

Georges Graham, l'un des artistes horlogers les plus célèbres, inventa en 1715, l'échappement à repos pour les horloges astronomiques. Cet échappement, qui porte son nom, est encore aujourd'hui un des plus parfaits dont on fasse usage dans les pendules de précision.

Graham inventa également, en 1720, l'échappement à cylindre pour les montres de poche.

Le Conservatoire des arts et métiers possède un régulateur échappement à chevilles, construit en 1749 par Gallond.

L'échappement à chevilles fut perfectionné par J.-A. Lepaute, en 1775.

Lepaute créa également l'échappement à double virgule, qui fut longtemps employé dans la construction des montres de poche.

Romilly, en 1758, fit l'échappement à simple virgule.

Pierre Le Roy exécuta, en 1748, un échappement à vibration libre et à détente, dont l'idée première est due à Dutertre, horloger de Paris, qui l'imagina en 1724. Dutertre créa également l'échappement Duplex.

L'invention si remarquable de l'échappement libre paraît appartenir également à Ferdinand Berthoud, à Pierre Le Roy et à Mudge, sujet anglais. Cet échappement fut perfectionné par J. Arnold, horloger anglais, qui substitua un ressort de flexion isolé à celui porté par le cercle d'échappement, ce qui permit l'usage de balanciers circulaires d'un petit diamètre et semblables à ceux qui sont utilisés aujourd'hui dans la chronométrie de Marine.

Pierre Le Roy inventa un échappement à repos pour montres.

Au commencement de ce siècle, Abraham Bréguet trouva l'échappement à force constante, et l'échappement à tourbillon ; enfin, c'est à lui que l'on doit le char de l'échappement à cylindre et les cylindres en rubis d'un fini remarquable, malgré leurs grandes difficultés d'exécution.

Les échappements à roues de rencontre ou à palettes, Duplex, double virgule, simple virgule, et bien d'autres n'étant plus en usage, je ne vous parlerai, Messieurs, que des trois échappements employés actuellement en horlogerie.

Ces échappements sont :

L'échappement à cylindre, dit à repos frottants.

Les échappements à ancre et détente à ressort, tous les deux échappements libres.

Échappement à cylindre.

L'échappement à cylindre fut connu, en France, vers 1724.

Il se compose d'une roue A en acier (*fig.* 9) portant à sa circonférence quinze dents d'une forme analogue à celle d'un marteau, ou d'un coin, dont le plan incliné II′ dent C est placé extérieurement, et d'un cylindre en acier PP′ (*fig.* 8), entaillé presque jusqu'à son diamètre, sur lequel sont fixés le balancier et son spirale.

L'échappement à cylindre est dit à repos frottants, parce que la levée opérée par le glissement des inclinés II′ des dents de la roue sur les lèvres HH′ du cylindre, la pointe des dents de la roue d'échappement reste en contact alternativement avec la paroi intérieure et la paroi extérieure du cylindre pendant toute la durée des arcs de vibration du balancier.

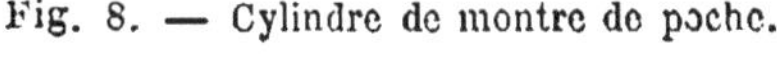
Fig. 8. — Cylindre de montre de poche.

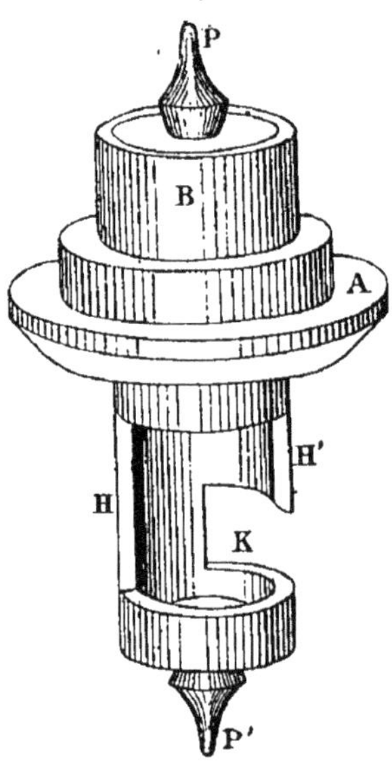

On désigne sous le nom de lèvres les bords HH' de l'entaille du cylindre.

Fonctions de l'échappement à cylindre.

La dent C (*fig.* 9) poussée par la force motrice s'engage par la pointe I' sous la levée d'entrée H du cylindre. Pour passer, cette dent C repousse violemment en arrière le cylindre et, par suite, le balancier, de toute la longueur de l'incliné II'. Lorsque l'extrémité I de l'incliné arrive en H, la pointe I′ s'échappe et vient chuter contre l'intérieur de l'écorce du cylindre près de la levée de sortie H′, comme cela est indiqué dent D.

Fig. 9. — Roue de cylindre. — Fonctions diverses de l'échappement à cylindre.

La force d'impulsion donnée par le glissement de l'incliné de la dent de la roue sur la lèvre d'entrée oblige le balancier à décrire un mouvement circulaire vers la droite.

Pendant l'accomplissement de cet arc de vibration, la pointe I′, dent D, est restée en contact avec l'intérieur du cylindre ; il s'est donc produit un premier repos frottant.

A un moment donné, la résistance du spiral oblige le balancier à revenir sur lui-même. Par suite de ce mouvement, la pointe de la dent est dégagée, et elle glisse sur la lèvre de sortie H′, comme cela est indiqué dent E. Les effets précédemment observés sur la lèvre H d'entrée se reproduisent sur la lèvre de sortie H′. La levée accomplie, le frottement de la pointe de la dent sur la paroi extérieure de l'écorce du cylindre produit un deuxième repos frottant.

En résumé, les fonctions principales de l'échappement à cylindre consistent à restituer la puissance de vibration au balancier par une poussée vigoureuse des inclinés de la roue d'échappement, agissant alternativement à droite et à gauche sur les bords de l'entaille d'un demi-cylindre creux.

Les repos frottants de l'échappement à cylindre se produisent sur une circonférence relativement grande et pendant un arc de cercle considérable. Ces conditions, surtout si l'on tient compte que la roue et le cylindre sont en acier, exigent que les parties frottantes soient constamment huilées et nettoyées.

A l'usage, les huiles se salissent vite : elles deviennent épaisses, gommeuses ; souvent elles se volatilisent et disparaissent. L'échappement à cylindre est alors dans les plus mauvaises conditions.

La résistance des frottements augmente ; les lèvres du cylindre sont promptement usées. Les arcs de vibration du balancier diminuent graduellement ; ils deviennent de plus en plus lents. Le mouvement marche avec irrégularité ; il prend un retard progressif. Enfin, l'insuffisance de force motrice à l'échappement produit l'arrêt définitif du mouvement.

Les montres à cylindre ont fait leur temps. Dans quelques années, avec l'exactitude que le public exige, cet échappement sera infailliblement remplacé par l'échappement à ancre, dont la construction et la stabilité de marche répondent mieux aux besoins actuels.

Des échappements libres.

L'échappement à ancre et l'échappement détente à ressort sont des échappements à repos ; mais ils sont en même temps des échappements libres.

Le caractère principal des échappements libres est de permettre au balancier d'opérer sa vibration dans une complète indépendance du mouvement, sauf, toutefois, l'instant fort court de l'impulsion. Ce résultat est obtenu, dans l'échappement à ancre, par l'adjonction d'une pièce intermédiaire et isolée ayant la forme d'une ancre marine, pièce qui transmet au balancier l'impulsion reçue de la roue d'échappement et qui, cet effet obtenu, sert de repos à la roue d'échappement.

Le même effet est obtenu dans l'échappement détente par la pièce intermédiaire nommée détente à ressort, ou détente sur pivot, suivant sa construction.

Échappement à ancre.

Les échappements à ancre les plus généralement en usage sont de deux sortes :

1° Échappement à ancre de côté, représenté figure 10;

2° Échappement à ancre ligne droite, représenté figure 11.

Fig. 10. — Échappement à ancre de côté.

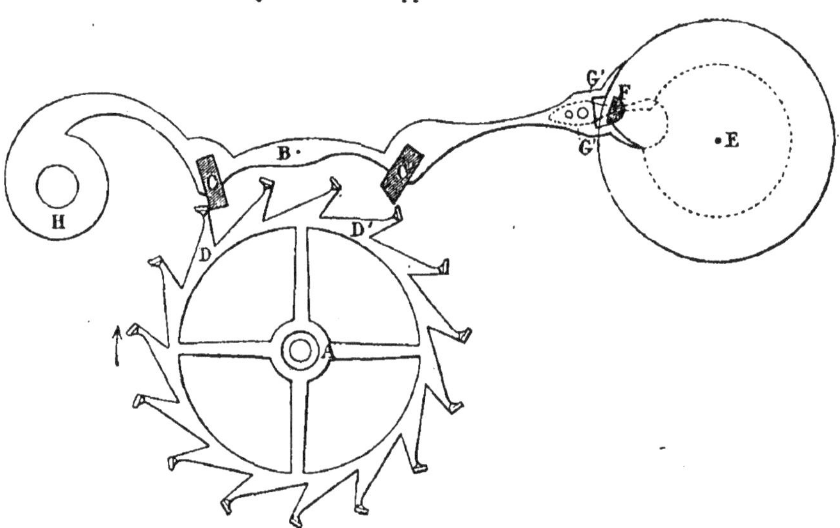

D D' Roue d'échappement dont le centre est en A. — B Axe de l'ancre. E Axe du balancier.

Ces deux systèmes, différents d'aspect, sont construits sur les mêmes principes. Nous nous occuperons donc particulièrement de l'échappement à ancre ligne droite, désigné ainsi parce que les trois centres de l'axe du balancier, de l'axe de l'ancre et de la roue d'échappement sont plantés sur une même ligne droite.

Fonctions de l'échappement à ancre.

L'échappement à ancre (*fig.* 11) se compose :

1° D'une roue plate A, dont les dents, d'une forme dite en tête, sont terminées par un plan incliné, comme dans la figure 11. Les Anglais emploient dans leurs échappements à ancre des roues dont les dents sont très aiguës.

2° D'une pièce intermédiaire désignée sous le nom d'ancre. Cette pièce, montée sur un axe B, qui porte deux bras dans lesquels sont enchâssées les levées en rubis C C'.

L'ancre est terminée, d'un côté, par une fourchette G G' et, de l'autre, par une sorte de contrepoids H H', qui sert à maintenir cette pièce en équilibre sur son axe B.

3° De l'axe du balancier C. Cet axe porte un plateau rond E, sur lequel est fixé verticalement un doigt, ou cheville en rubis F, d'une longueur suffisante pour pénétrer entre les deux cornes G G' de la fourchette de l'ancre.

La force motrice pousse la roue d'échappement de gauche à droite et force ainsi la dent D (*fig.* 11) à glisser sur

Fig. 11. — Échappement à ancre ligne droite.

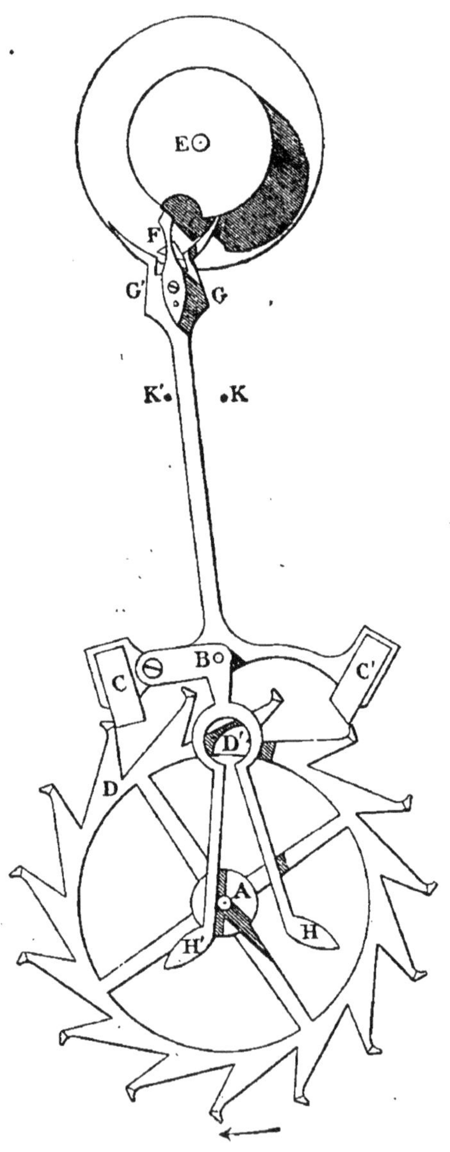

l'incliné de la levée d'entrée C. L'ancre est ainsi repoussée en arrière, jusqu'à ce que la dent D échappant de la levée C, la dent D' tombe en repos sur le côté de la levée C'.

Le déplacement de l'ancre, obtenu par la roue d'échappement, est transmis au balancier par l'intermédiaire de la fourchette, dont la face intérieure, du côté G', choque le doigt F et l'oblige ainsi à tourner avec le balancier sous l'impulsion qu'il vient de recevoir.

Pendant que le balancier accomplit sa vibration sans contact avec les autres pièces du mouvement, l'ancre est maintenue, appuyée contre la goupille K, par la pression de la dent de la roue contre la levée C'.

Le balancier, ramené par le spiral, revient sur lui-même. Le doigt F entre à nouveau dans la fourchette et, par suite, entraîne l'ancre dans son mouvement circulaire.

La dent D', ainsi dégagée de son repos, glisse sur l'incliné de la levée C'. Il se produit alors, sur la gauche G' de la fourchette de l'ancre, les mêmes effets qui s'étaient précédemment produits sur la droite de cette même pièce.

En résumé, dans l'échappement à ancre, la roue a pour mission, non seulement de produire par un repos l'arrêt momentané du rouage, mais encore de transmettre à l'ancre la force qu'elle a reçue du rouage. De son côté, la fourchette de l'ancre, après avoir dégagé la roue de son repos, communique au balancier la puissance motrice qui lui vient de la roue d'échappement.

L'échappement à ancre est précis. Ses fonctions sont sûres. Les frottements se produisent sur des rubis ; ils sont minimes, et ils sont, ce qui est précieux, toujours les mêmes. L'huile se conserve en bon état. L'usure est nulle.

Enfin, la liberté absolue des vibrations du balancier assure une grande précision dans le réglage et une stabilité réelle dans la marche.

Échappement détente à ressort.

L'échappement à détente sur pivot (*fig.* 12) est en grande partie abandonné.

L'échappement détente à ressort (*fig.* 13) est actuellement le seul en usage dans le chronomètre de marine. Il se compose :

1° D'une roue A, à dents très aiguës ;

2° D'une pièce en acier CEB, appelée détente à ressort, parce que, fixée solidement en C, sur la petite platine, elle fait ressort sur son centre de flexion E.

Sur la détente sont montés verticalement un demi-cylindre en rubis B, qui sert de repos à la roue d'échappement, et un ressort très faible en or FD, dit ressort de dégagement.

Ce ressort dépasse légèrement l'extrémité F de la détente, et il s'appuie sur elle.

Poussé de gauche à droite, le ressort de dégagement entraîne la détente ; poussé de droite à gauche, la détente

Fig. 12. — Échappement à détente sur pivot.

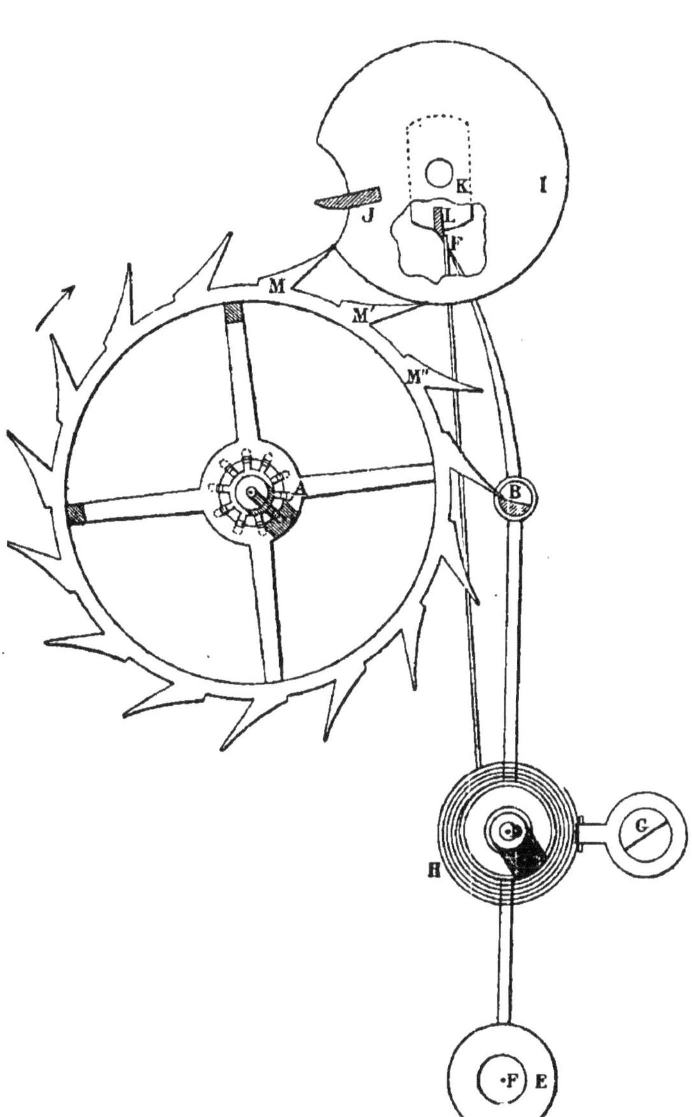

La détente pivote sur son axe D, maintenu en place par le spiral H.

Fig. 13. — Échappement à détente à ressort.

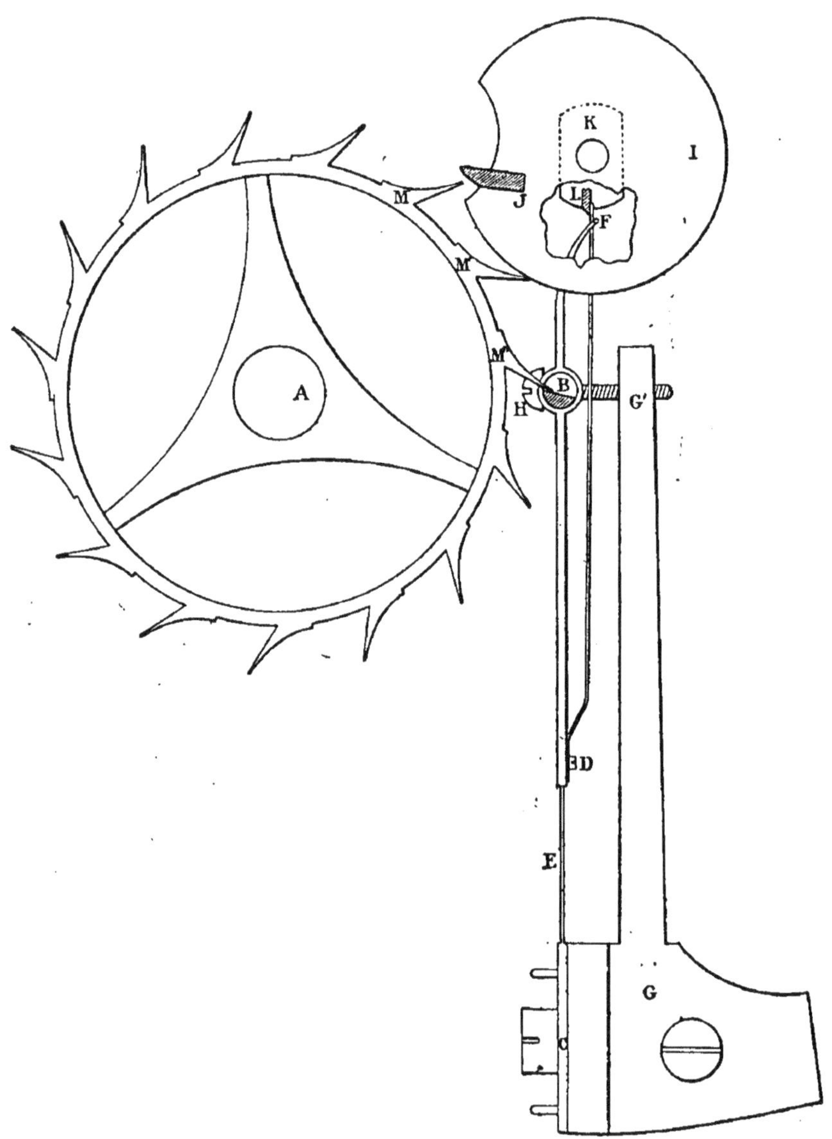

appuyée en B contre la tête de la vis H, fléchit sans produire aucune modification dans les pièces de l'échappement;

3° D'un axe qui porte, outre le balancier, un grand plateau I avec une levée en rubis J, et un rouleau en acier K, dans lequel est fixé, en saillie, un rubis L, qu'on désigne sous le nom de doigt de dégagement.

Il est maintenant facile de comprendre le fonctionnement de l'échappement détente à ressort.

Le balancier, vibrant de droite à gauche, le doigt en rubis L dégage le repos B. La roue d'échappement, devenue libre, poussée par la force motrice, tourne vers la droite. L'une des dents M de cette roue tombe sur la levée J et, par un choc, imprime au balancier une vigoureuse impulsion. La détente ayant repris sa position fixe contre la vis H, la dent M' vient faire repos sur le rubis B.

Le balancier, en revenant sur lui-même, par l'effet du spiral, ramène vers la gauche le doigt L, qui soulève légèrement, en passant, le ressort en or DF sans produire aucun déplacement des pièces de l'échappement.

Il est impossible d'obtenir plus simplement, et avec plus de sûreté, des effets mécaniques absolument précis.

Les actions mutuelles se font par chocs, ce qui permet de supprimer l'huile aux points de contact. La roue d'échappement agit directement sur le balancier. Le repos se produit à la tangente et il est complètement indépendant des vibrations du balancier. Ces conditions sont les meilleures pour obtenir une marche réduite et constante.

Fig. 14. — Échappement de Graham.

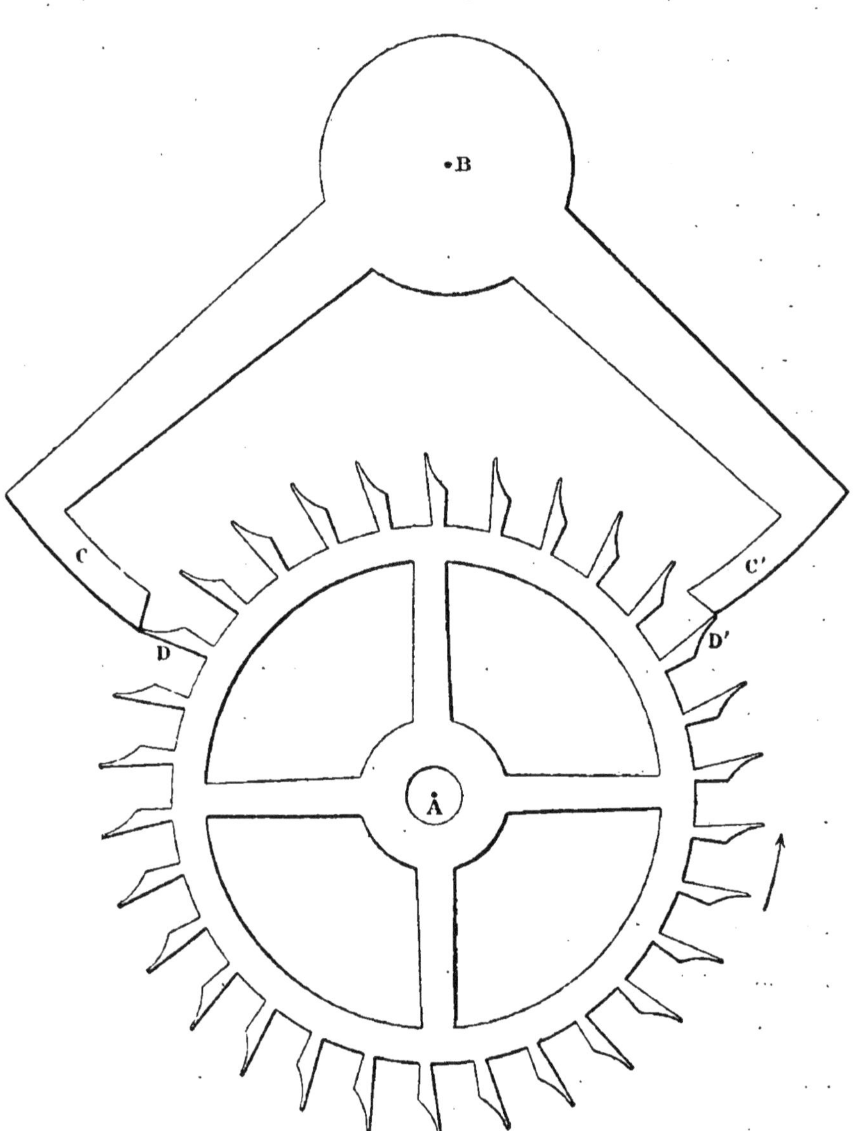

L'échappement détente à ressort est dit à coup perdu, parce que le balancier ne reçoit le choc de la roue d'échappement qu'une fois par deux vibrations. Il en résulte un temps mort pendant lequel le balancier deviendrait inerte, si la force d'impulsion acquise était annulée par une secousse ou un mouvement brusque en sens contraire de la vibration. Cet inconvénient a fait renoncer presque entièrement à l'emploi de cet échappement pour l'horlogerie portative.

La théorie des chocs et des repos dans les échappements détente à ressort a été traitée d'une façon fort remarquable par M. de Villarceau, astronome fort distingué.

On emploie actuellement dans la construction des pendules et des horloges des échappements de diverses sortes à recul et à repos.

Les régulateurs de précision sont généralement pourvus de l'échappement à ancre et à repos de Graham (*fig.* 14.)

Je signale l'échappement Brocot à repos (*fig.* 15), dont les principes sont discutables, mais qui a le grand avantage de pouvoir être fabriqué économiquement, et dont les résultats pratiques sont très suffisants pour l'horlogerie commerciale.

L'échappement à chevilles (*fig.* 16), qui fut très en faveur au commencement de ce siècle pour les régulateurs de précision, est actuellement fort peu employé.

Enfin Winnerl et, après lui, Fénon et Pierre Gabriel ont établi quelques régulateurs astronomiques avec échappe-

Fig. 15. — Échappement à repos, dit Brocot, du nom de son inventeur.

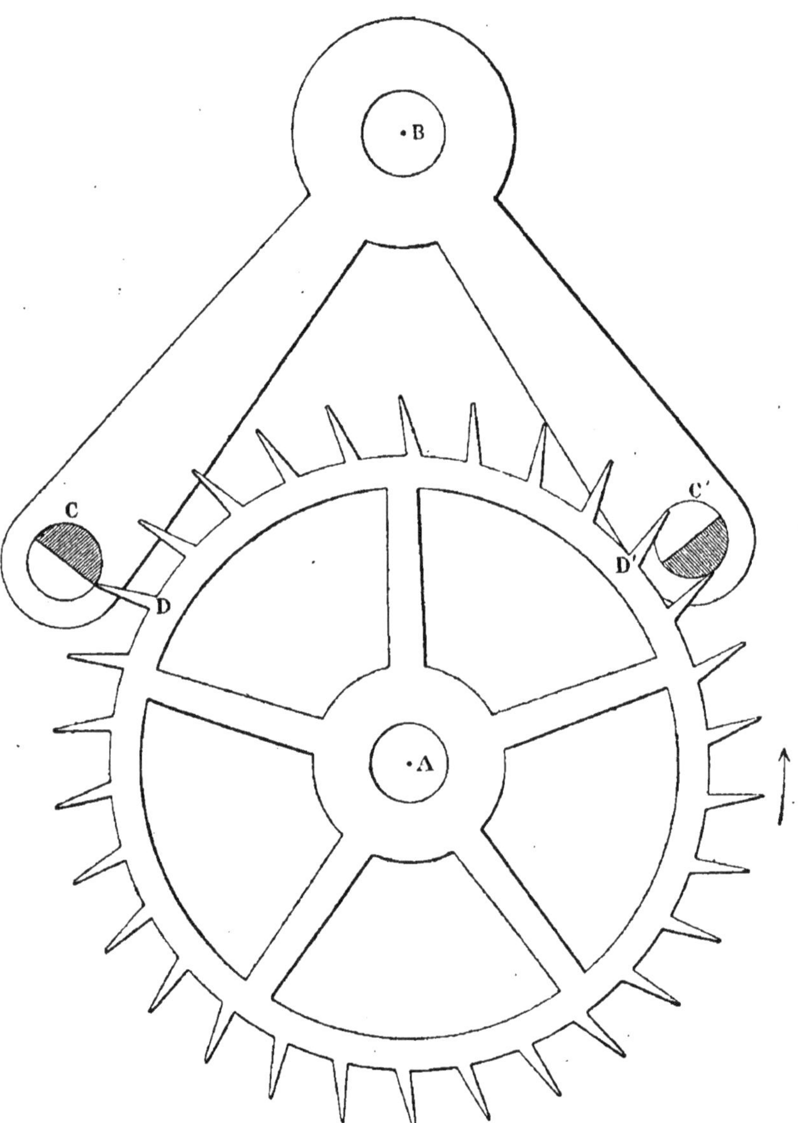

Fig. 16. — Échappement de régulateur à chevilles.

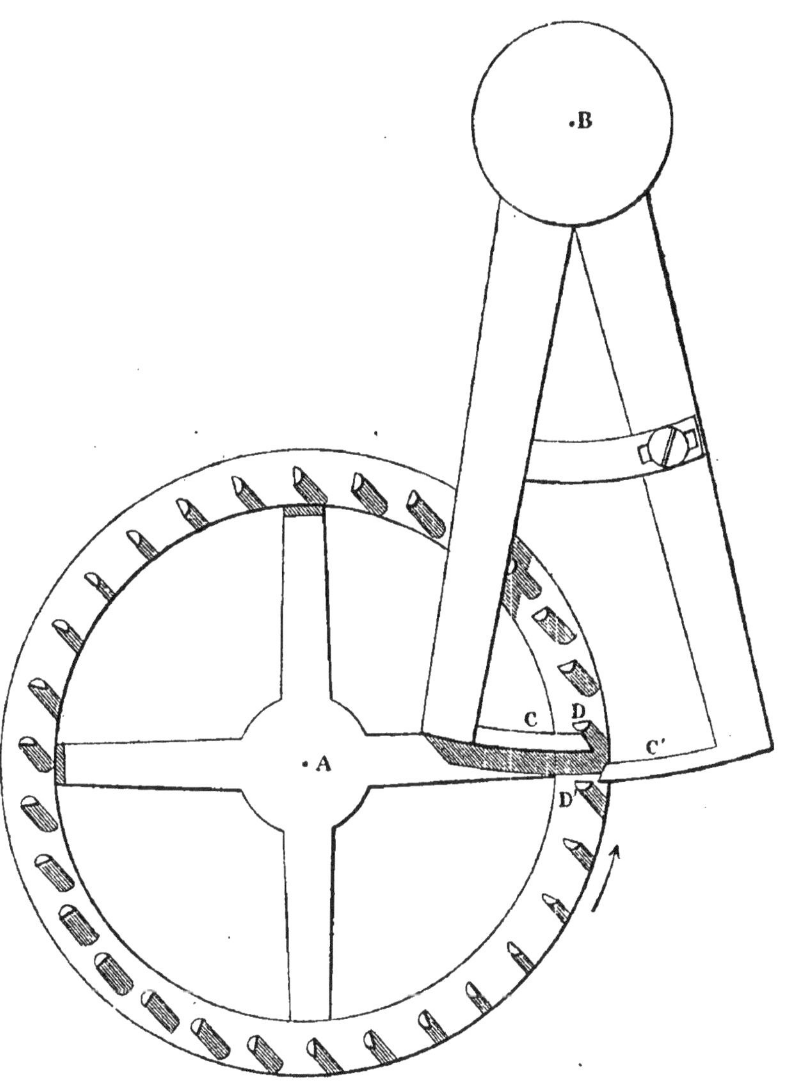

Fig. 17. — Échappement libre à repos.

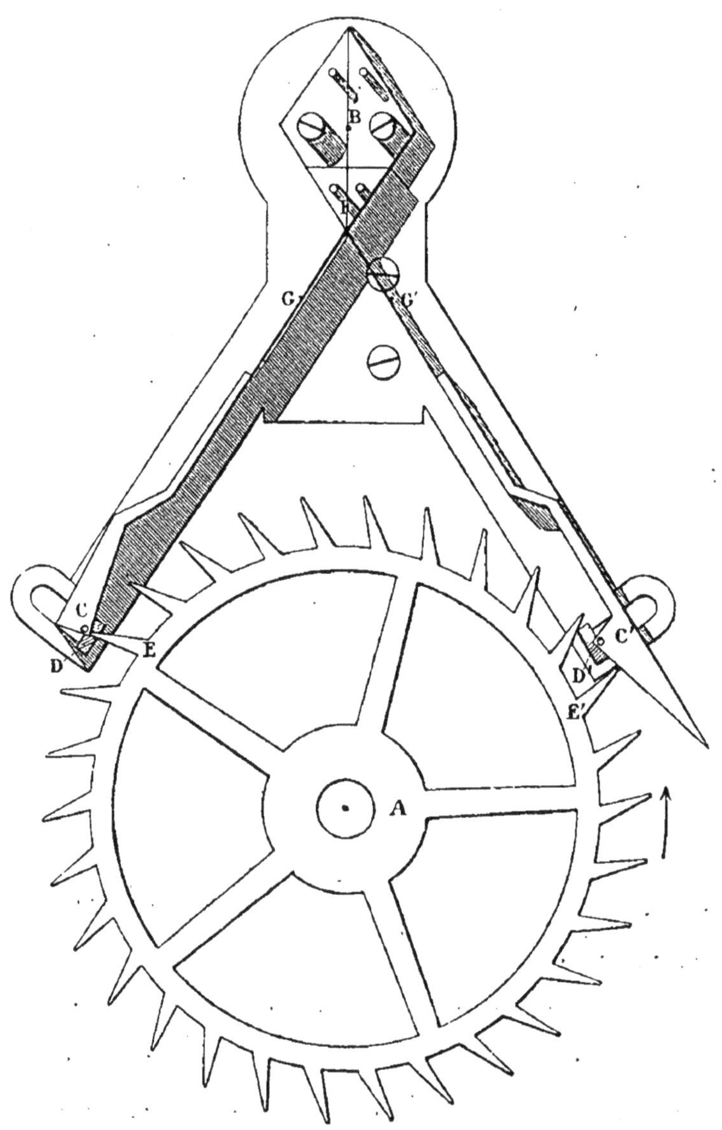

ment libre et à repos (*fig.* 17), dont l'idée première, trouvée vers 1821 par Reid, a été revendiquée, en 1840, par Henry Kater, sujet anglais.

Des pivots.

Les extrémités des tiges des mobiles du rouage et des axes des pièces de l'échappement portent le nom de pivots.

Les pivots du rouage sont droits.

Ils tournent dans des trous en cuivre (*fig.* 18) ou dans

Fig. 18. — Pivot de rouage.

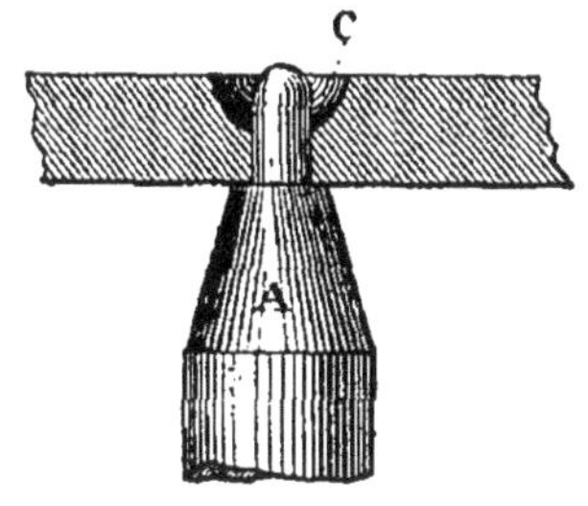

Fig. 19. — Pivot de roue de secondes.

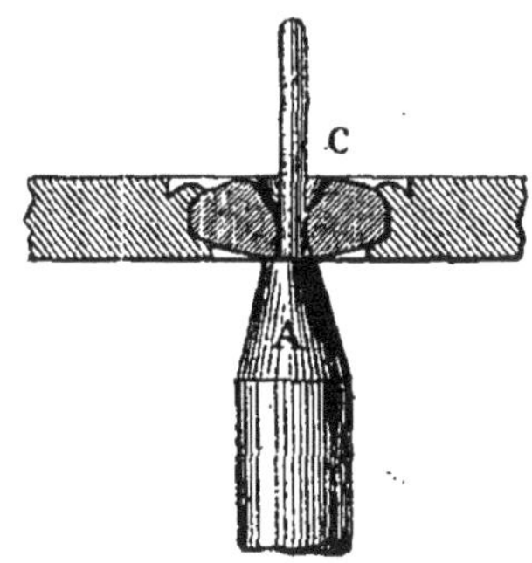

des trous en pierre (*fig.* 19). Ils reposent contre l'épaule ou portée du pivot.

Les pivots de l'échappement (*fig.* 20) sont de forme conique et d'un très petit diamètre. Ces pivots tournent dans des rubis percés B, et leurs extrémités, légèrement arrondies, reposent sur la partie plate d'une pierre dure C qu'on désigne sous le nom de contre-pivot.

Pour lubréfier les frottements des pivots on emploie des huiles animale ou végétale, spécialement préparées à cet effet.

Fig. 20. — Pivot d'axe, forme conique.

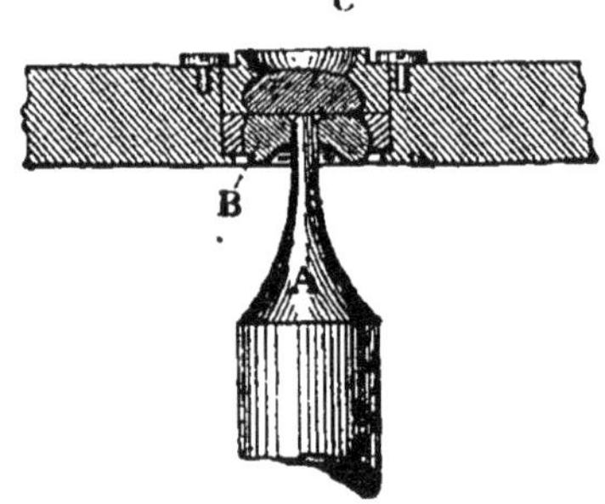

Les procédés pour percer les rubis furent trouvés par Facio, de Genève, en 1700. Facio vint à Paris offrir son secret. Il ne fut pas accueilli favorablement par les maîtres français, et il dut passer en Angleterre, où il trouva des encouragements sérieux.

Du balancier.

Le balancier circulaire est universellement employé dans l'horlogerie portative. Il fut inventé par le Dr Hook. Huyghens exécuta un balancier de ce genre.

Les chronomètres de marine et l'horlogerie de poche de haute précision exigent un réglage parfait aux diverses températures chaudes ou froides. On obtient ce résultat grâce au balancier compensateur dont ces instruments sont pourvus.

Le balancier compensateur employé dans le chronomètre est représenté (*fig.* 21). Il consiste en une barrette d'acier HH' servant de point d'attache à une lame circulaire bi-métallique EE' composée de deux métaux, cuivre et acier. Cette lame est coupée en deux parties comme l'indique la fig. 21.

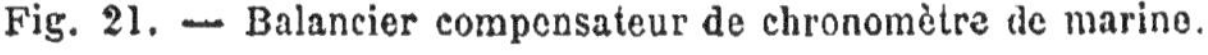
Fig. 21. — Balancier compensateur de chronomètre de marine.

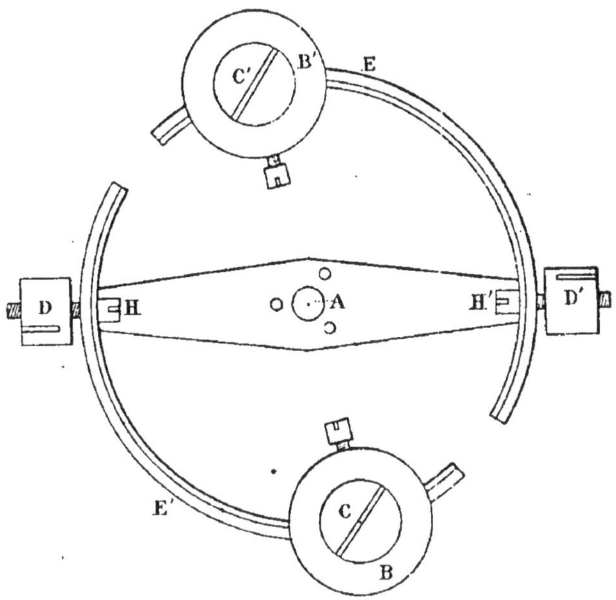

Sur les lames bi-métalliques sont fixées les masses et les vis compensatrices BB' et CC'. Les écrous de réglage DD' sont montés sur le prolongement du diamètre du balancier passant par le milieu de la barrette.

C'est en 1648 qu'on s'aperçut pour la première fois de la dilatation des métaux.

Fig. 22. — Pendule à mercure pour régulateur astronomique.

Fig. 23. — Pendule à grille, 9 branches, pour régulateur astronomique

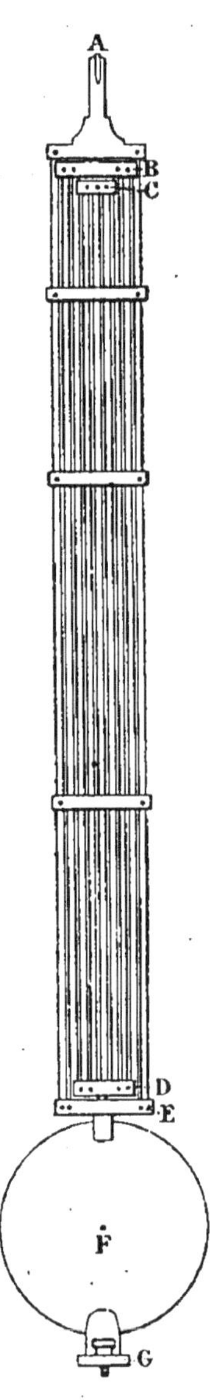

Le pendule compensateur à mercure, représenté (*fig.* 22) a été trouvé par Graham. Le pendule à grille (*fig.* 23) est dû à Harisson.

Le plus généralement, le pendule des régulateurs astronomiques est monté sur une suspension à ressorts, comme l'indique la fig. 24.

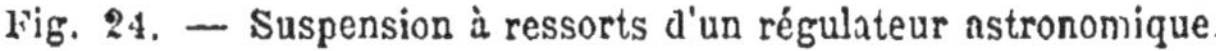
Fig. 24. — Suspension à ressorts d'un régulateur astronomique.

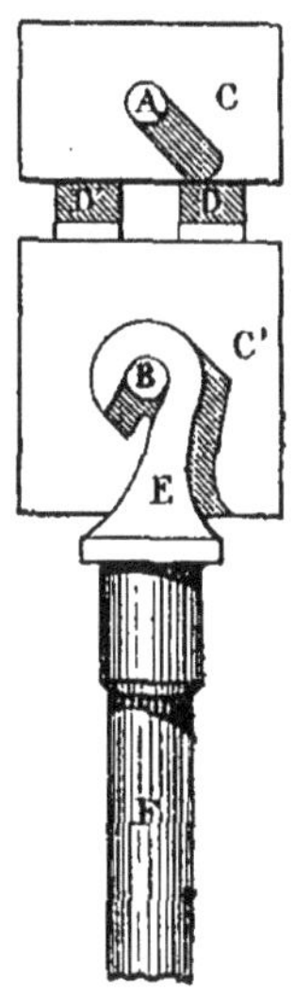

Vous le savez, Messieurs, les métaux s'allongent à la chaleur et se raccourcissent au froid. Ce phénomène, qui s'appelle la dilatation, agit, par une même différence de température, dans des proportions bien différentes suivant la nature des métaux.

Dans le pendule à mercure (*fig.* 21) l'élévation de la température produit les effets suivants :

La tige d'acier CC' fixée en A à la suspension s'allonge.

Le centre de gravité du pendule s'éloigne du centre d'oscillation, ce qui produit du retard. L'augmentation de la température agit en sens contraire sur la colonne de mercure, dont le point d'appui est au fond du vase en acier ou en cristal F qui le renferme. Le volume du mercure, ainsi augmenté par la chaleur, s'élève et, par suite, produit un raccourcissement dans la longueur du pendule, ce qui donne de l'avance dans la marche de l'instrument.

Il suffit donc, pour avoir une compensation exacte, de calculer, en tenant compte de la différence de dilatation des métaux, la hauteur du mercure qu'il convient d'employer pour une tige en acier d'une longueur déterminée.

Les mêmes effets se produisent avec le pendule à grille (*fig.* 22) composé de tringles en acier et en cuivre, ou en acier et en zinc. Les unes, fixées par le haut, descendent par les températures élevées, tandis que les autres, fixées par le bas, remontent d'une quantité suffisante pour que le centre de gravité du pendule reste constamment le même, aux diverses températures.

Le pendule à mercure est à peu près le seul employé actuellement dans la construction des régulateurs astronomiques. Son réglage aux diverses températures est facile, même pour celui qui n'aurait aucune notion de l'art de l'horlogerie. Il suffit, en effet, pour corriger les écarts de compensation, d'ajouter ou d'enlever une petite quantité de mercure.

Harisson fit usage d'un balancier avec compensateur

dans sa quatrième montre marine, celle qui lui valut la prime du parlement anglais. Ce compensateur agissait directement sur le spiral, il annulait l'allongement où le raccourcissement de ce même spiral par les changements de température.

Pierre Le Roy construisit le premier un balancier circulaire avec lames bi-métalliques. Il abandonna bientôt ce système pour l'emploi d'un balancier avec mercure, afin d'obtenir une compensation rectiligne.

Dans les horloges marines de Ferdinand Berthoud, le pendule à grille, agissant sur le spiral, était employé comme correctif des erreurs provenant de la température.

Le diamètre des balanciers de chronomètres de marine fut réduit considérablement par John Arnold.

Primitivement, et jusqu'en 1800, les deux métaux des lames bi-métalliques des balanciers circulaires étaient goupillés et rivés ensemble. De 1800 à 1820, ces métaux étaient soudés. De nos jours, le cuivre est fondu autour de l'acier.

Comme pour le pendule, l'emploi du balancier circulaire à lames bi-métalliques pour le réglage des chronomètres aux diverses températures est basé sur la différence de dilatation des métaux.

Par la chaleur, le cuivre placé à l'extérieur de la lame se dilate dans une plus grande proportion que l'acier placé à l'intérieur, et ces deux métaux étant intimement liés ensemble, il se produit une contraction. La lame rentre sur elle-même. Les masses compensatrices BB′ (*fig.* 21) se rapprochent du centre du balancier A. Le bras de levier devient plus court. Le balancier diminue de diamètre. La montre avance.

Mais, en même temps, l'élévation de la température produit sur le ressort spiral, également en métal, un allongement et, par suite, un affaiblissement qui a pour conséquence une marche plus lente, c'est-à-dire du retard. Ces deux effets étant contraires établissent entre eux une compensation.

Si l'on observe le déplacement des masses compensatrices BB′ aux diverses températures, on constate, graphiquement et théoriquement, que ces masses se meuvent sur une sécante, et suivant un angle dont le sommet est au point d'attache de la lame.

On comprend de suite que le déplacement de ces mêmes masses compensatrices est d'autant plus considérable, pour une même différence de température, qu'elles sont plus éloignées du point d'attache de la lame. Il suffit donc, pour régler un chronomètre aux températures chaudes et froides, de chercher, par des observations successives, sur les lames bi-métalliques, les points que doivent occuper les masses compensatrices, pour que leur déplacement annule le retard ou l'avance, qui est la conséquence de l'allongement ou du raccourcissement du spiral à ces mêmes températures. Il ne faut donc pas seulement employer dans la construction des chronomètres de marine des balanciers compensés ; mais il est surtout indispensable, par des expériences répétées à l'étuve et à la glacière, c'est-à-dire aux températures de 0° et de 30° centigrades, de trouver, sur les lames bi-métalliques, les places mathématiquement exactes que doivent occuper les masses compensatrices. Cette opération s'appelle le réglage aux températures.

En 1855, M. Rodanet père fit des expériences fort curieuses dans le but de déterminer graphiquement :

1° L'action progressive de la température sur les ressorts spiraux ;

2° Dans les lames bi-métalliques des balanciers, la direction prise relativement au rayon, par les masses de compensation, en raison du point de l'arc où elles sont attachées ;

3° Dans les lames bi-métalliques, la proportion ou la progression suivie dans le mouvement des différents points de l'arc, en raison des diverses époques des températures parcourues.

M. Rodanet père démontra, pratiquement, que l'énergie d'un ressort spiral croît et décroît dans le même rapport que la température, tandis que les masses de compensation des lames bi-métalliques, se déplaçant suivant une sécante, leur centre de gravité se trouve modifié de moins en moins, à mesure que la température s'élève, tandis qu'au contraire il faudrait que ce mouvement fût proportionnel à la température , comme cela se produit pour le spiral.

Il résulte également de l'examen des tracés obtenus par

M. Rodanet père, avec une lame bi-métallique construite sur un rayon de 118 millimètres, que la sécante suivie par les masses compensatrices se rapproche d'autant plus du rayon, que ces mêmes masses sont plus rapprochées elles-mêmes de la barrette du balancier.

Ces observations ont été confirmées par la pratique.

Le réglage aux diverses températures des balanciers à lames bi-métalliques n'est pas absolument exact. Il se produit à la température moyenne une erreur secondaire d'autant plus minime, que les masses compensatrices sont plus rapprochées de la barrette du balancier.

Les constructeurs de chronomètres de marine, pour obtenir un meilleur réglage aux températures froides et chaudes, employèrent des masses de compensation lourdes. Ils firent des balanciers à trois et à quatre lames. Ils construisirent des balanciers de formes très diverses. Enfin, ils inventèrent un grand nombre de compensations auxiliaires, dont quelques-unes ont donné tout dernièrement encore des résultats remarquables.

Lieusou, ingénieur hydrographe de la marine, par des calculs savants, détermina l'équation des variations thermométriques des chronomètres de marine.

MM. Ploix et Delamarche, également ingénieurs hydrographes, firent des observations fort curieuses sur les marches diurnes d'un chronomètre de marine avec balancier non compensé.

MM. de Villarceau et Gaspary, astronomes d'un grand

savoir, expliquèrent scientifiquement les erreurs secondaires des balanciers circulaires à lames bi-métalliques.

En somme, pendant une longue période de temps, cette fraction du réglage des montres de précision et des chronomètres de marine fut le sujet d'études et de recherches fort nombreuses de la part des praticiens et des théoriciens.

Du spiral.

Le spiral (*fig.* 24) est un ressort en métal long et délié qui fait autour de son axe un certain nombre de révolutions.

Fig. 24. — Spiral boudin pour chronomètre de marine

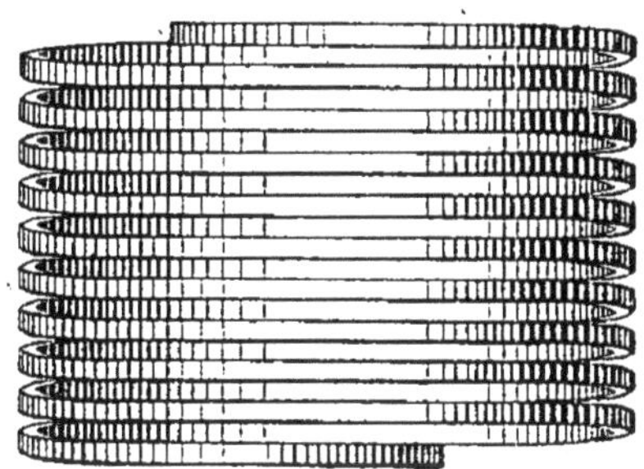

L'une des extrémités A du spiral (*fig.* 25) est fixée sur une virole en cuivre montée à frottement dur sur l'axe du balancier.

L'autre extrémité B est attachée à une pièce en cuivre ou en acier nommée piton. Cette pièce est fixée sur le coq, ou pont du balancier.

Les conditions particulières de forme, de longueur et de pose du spiral, influent considérablement sur la régularité et la stabilité des marches diurnes des montres et des chronomètres.

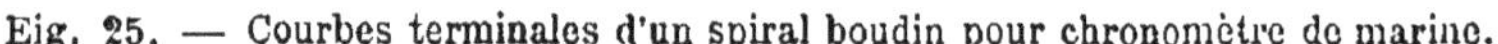

Fig. 25. — Courbes terminales d'un spiral boudin pour chronomètre de marine.

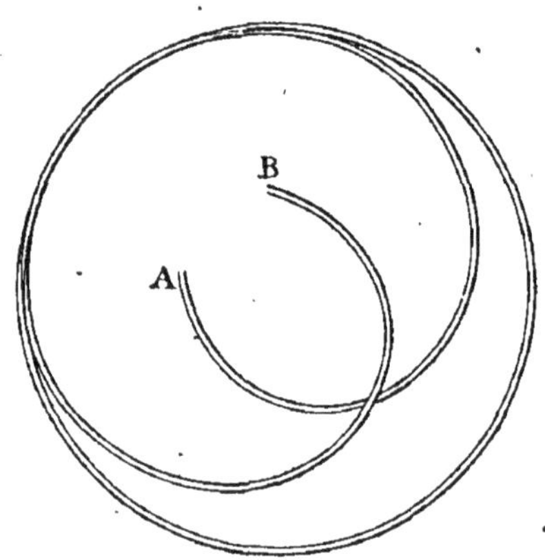

Le docteur Hook a utilisé le ressort réglant droit ; l'abbé Hautefeuille l'aurait employé, dit-on, en forme d'hélice ; mais c'est à Huyghens que l'art de l'horlogerie est redevable de cette importante découverte. Ce géomètre remarquable fit construire le premier, en 1674, par Thuret, horloger d'une grande valeur, un ressort réglant en forme de spiral. Comme pour les spiraux employés de nos jours dans l'horlogerie usuelle, toutes les spires étaient sur le même plan.

Huyghens est le véritable inventeur du spiral, non seulement parce qu'il perfectionna les idées informes du docteur Hook et de l'abbé Hautefeuille, mais encore parce qu'il donna au ressort réglant une forme qui permit au balancier d'accomplir de grandes vibrations.

Le spiral créé, il fallait trouver la loi de l'isochronisme des oscillations du balancier.

L'isochronisme des oscillations du balancier a pour but de déterminer un débit absolument uniforme de la force motrice, alors que cette force motrice elle-même se trouve modifiée, soit par des causes accidentelles, soit par des défauts de construction. La force motrice, ainsi modifiée, produit dans les vibrations d'un balancier des différences d'étendue. L'isochronisme d'un spiral est donc la condition qui permet d'obtenir que les arcs de vibration du balancier, quels que soient leur étendue, s'opèrent dans le même espace de temps.

Jodin, vers 1754, eut l'idée de l'existence de l'isochronisme dans le ressort spiral.

Les premières recherches de cette propriété du spiral furent l'occasion de discussions et de luttes très vives entre Ferdinand Berthoud et Pierre Le Roy.

Je crois devoir toutefois vous faire remarquer, Messieurs, que de l'avis de tous les auteurs, et de l'examen des horloges marines construites par ces deux artistes, cette importante découverte est réellement due à notre compatriote Pierre Le Roy.

Les spiraux ont affecté bien des formes différentes : plats tout simplement ; plats avec la dernière lame coudée et ramenée vers le centre ; en hélice dits spiraux boudin; sphériques en forme de pyramide; en forme ovoïde.

Les métaux utilisés pour la fabrication des spiraux sont: l'acier trempé revenu à la couleur bleue; l'or; et, depuis quelques années, un alliage de palladium.

Bréguet, Dent et Arnold ont fait, au commencement du siècle, des spiraux en verre.

Philipps, ingénieur des mines, fit en 1861 un mémoire fort remarquable sur le spiral réglant, et sur les courbes terminales propres à déterminer mathématiquement l'isochronisme. Ces études, très savantes, ont servi puissamment à guider les régleurs dans la construction des courbes terminales, qui n'étaient jusqu'alors que le résultat du tâtonnement et d'une pratique sans règle bien définie.

M. Philipps fit, quelques années plus tard, un deuxième mémoire sur la marche des chronomètres de marine dans les diverses positions.

Cette propriété isochrone du spiral rend d'immenses services à l'art de l'horlogerie. Elle est utilisée pour le réglage dans les diverses positions, et indispensable pour combattre les conséquences de l'épaississement des huiles aux divers organes de mouvement.

Les derniers succès obtenus par les constructeurs de chronomètres, dans les concours de l'État, disent surabondamment que si ce problème n'est pas complètement résolu, il est bien prêt de l'être.

Les résultats dont je parle sont remarquablement précis.

Le chronomètre classé premier dans le dernier concours de l'État, concours clos le 1er février 1886, avait comme nombre de classement 2″53, c'est-à-dire que, pour une période d'observations de cinq mois, l'écart maximun à la température ambiante ajouté : 1° à l'écart maximum des marches diurnes ; 2° au demi-écart maximum aux températures chaudes ou froides ; 3° au demi-écart maximum aux petites amplitudes, a donné un total de 2″53.

Enregistreur de l'heure.

Pour terminer la deuxième partie de cette conférence, il me reste à vous parler, Messieurs, de l'enregistreur de l'heure, c'est-à-dire des aiguilles et du mécanisme de transmission qui leur est propre.

La tige K (*fig.* 26), montée à frottement dans le trou du pignon de centre B, porte du côté du cadran un pignon, ou chaussée, qui effectue, comme la roue de centre, un tour en une heure. Le mouvement de rotation de la chaussée C est transmis à la roue des heures H, par l'intermédiaire de la roue de renvoi D et de son pignon E. Il est inutile de vous faire remarquer, Messieurs, que le nombre des dents des roues et des pignons de ce rouage spécial, appelé minuterie, est calculé de façon que H faisant un tour C en fasse douze.

Chacun comprend alors que, les deux mouvements de H et de C ramenés ainsi sur un même centre, il suffit pour enregistrer l'heure de fixer sur la roue H l'aiguille des heures et sur la chaussée C l'aiguille des minutes.

A la fin du XVIe siècle, les pièces d'horlogerie, les montres et les horloges, n'avaient qu'une seule aiguille. celle des heures. Ce n'est que vers le commencement du règne de Louis XIV que les montres ont deux aiguilles, une des heures et une des minutes.

Fig. 26. — Pignon de roue de centre et sa roue avec minuterie et aiguilles.

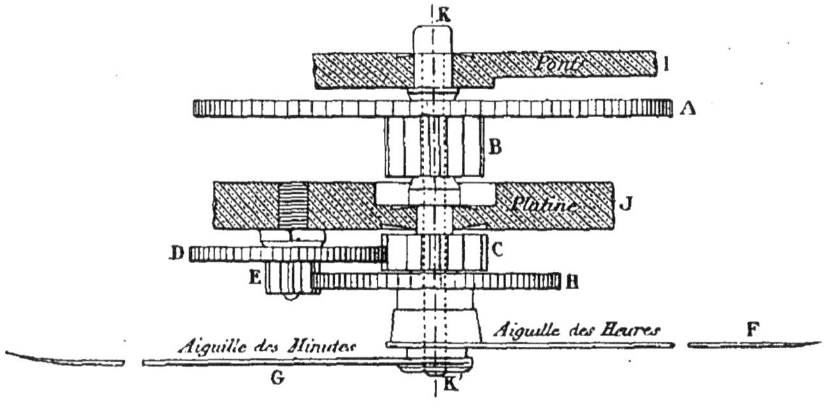

Parmi les dispositions nombreuses de cadrans et d'aiguilles faites depuis deux siècles, il y a lieu de signaler, les horloges et les montres avec une seule aiguille des minutes et un guichet pour les heures, ainsi que celles construites sans aiguilles et ayant deux guichets, l'un pour les heures, l'autre pour les minutes. Un de ces spécimens se trouve encore de nos jours à l'église Saint-Paul à Paris.

La question de l'heure décimale n'est pas nouvelle.

Un décret de la Convention, nationale du 21e jour de pluviôse an II de la République, établissait un concours sur les moyens d'organiser les montres et les pendules en divisions décimales. Le jury chargé de statuer, nommé par la Convention, était composé de : Ferdinand Berthoud, Lagrange, géomètre, Lepaute, oncle, Charles, physicien, Janvier, Lépine le jeune, Mathieu l'aîné, jurés titulaires, et Mabille, Muré, Laurent et Debelle, jurés suppléants. Après examen des divers systèmes présentés, le jury concluait qu'il n'y avait pas lieu d'accorder les prix de 3,000, 2,500, 2,000 et 1500 francs, les pièces présentées étant trop compliquées et, par suite, ne produisant pas simplement et économiquement les effets demandés.

La minuterie des chronomètres de marine, la disposition du cadran et des aiguilles sont semblables à celles des montres de poche.

Ferdinand Berthoud, Bréguet, Vissière ont construit des chronomètres de bord sans minuterie. Les aiguilles, dans ce cas, sont fixées directement sur les pivots du rouage, comme cela se pratique pour l'aiguille des secondes.

Inventions diverses.

Un grand nombre d'inventions et de découvertes de toute sorte et de toute nature ont été réalisées en horlogerie depuis le XVIe siècle.

Moëstlin fit usage le premier, en 1577, des vibrations

d'une horloge pour mesurer de petits intervalles célestes. Il put, par ce procédé, déterminer le diamètre du soleil.

L'astronome Richer, en 1672, observa le raccourcissement du pendule sous l'équateur. Il prouva ainsi, non seulement le mouvement de rotation du globe terrestre, mais encore il détermina la conformation de la terre.

Barlow et Quare, habiles artistes anglais, inventèrent, en 1676, la répétition des heures et des quarts.

Julien Le Roy exécuta, en 1728, une pendule dont la sonnerie des heures et des quarts était perfectionnée. Il est l'inventeur du tout ou rien pour les cadratures de sonnerie.

Boichard, du Doubs, fit la répétition à rateau.

Les montres à masse, datent de 1780.

Les ressorts timbres ou gongs, pour sonneries de pendules, furent exécutés pour la première fois par Bréguet.

Antide Janvier a fait des horloges planétaires remarquables.

Les chronographes enregistreurs sont dus à Rieussec et à Bréguet.

La liste des créations horlogères que je pourrais signaler est interminable. Je m'arrête, cependant, pour vous dire quelques mots d'une invention relativement moderne qui a rendu et rend encore de grands services. Je veux parler des montres à remontoir et à mise à l'heure sans clef.

De tous les progrès réalisés en horlogerie, depuis bientôt

un siècle, celui qui a reçu le meilleur accueil du public est, sans contredit, l'application du remontoir sans clef aux montres de poche. Cette invention date du commencement du siècle, si l'on en excepte la montre de Mme de Pompadour, construite par Beaumarchais, aussi habile horloger qu'éminent écrivain.

Le public n'accorda pas tout d'abord sa confiance au remontoir par le pendant. Il redoutait un changement, qu'il croyait une complication dangereuse, au double point de vue de la durée et de la qualité du mouvement. Il faut le dire, enfin, un grand nombre d'horlogers firent, pendant de nombreuses années, par ignorance ou par esprit de routine, une guerre acharnée aux nouvelles montres à remontoir. L'expérience prouva, même aux plus incrédules, que ce système est de beaucoup préférable à celui qui consiste à armer le ressort à l'aide d'une clef.

L'application aux montres de poche du remontoir au pendant offre de grands avantages, sans aucun inconvénient.

Ce mécanisme, d'une grande simplicité, ne demande aucune précision dans les fonctions, aucun soin particulier dans l'usage. Sa construction est facile, peu coûteuse, et si elle est faite d'après de bons principes et dans de bonnes conditions, l'usure des pièces qui la composent est presque nulle.

Le système complet du remontoir au pendant est complètement indépendant des organes mécaniques qui donnent la vie et la régularité à une montre. Il ne complique donc en aucune façon le mouvement ordinaire d'une montre.

L'avantage le plus considérable qui résulte de l'emploi de ce mode de remontage est d'éviter l'ouverture journalière de la boîte. De ce fait, le mouvement reste propre plus longtemps; l'introduction de corps étrangers devient presque impossible; les huiles, n'étant plus altérées par l'air et la lumière, se dessèchent moins rapidement et épaississent plus lentement.

Le remontoir au pendant remplace complètement la clef, comme le fusil se chargeant par la culasse a remplacé le fusil à baguette. Dans un temps relativement court, j'en suis certain, la montre à clef sera introuvable.

M. Ad. Philippe de Genève a publié un volume fort intéressant sur les montres à remontoir sans clef.

ENSEIGNEMENT DE L'HORLOGERIE

A PARIS

Enseignement technique et professionnel.

Depuis un demi-siècle, dans tous les pays civilisés, des efforts considérables ont été faits en vue de développer et d'organiser l'enseignement technique et professionnel.

En France, le gouvernement, les municipalités, les chambres de commerce, les chambres syndicales, ne cessent de rivaliser de zèle et de dévouement, en faveur de cet enseignement, qui intéresse à un si haut point la partie la plus nombreuse et la plus active du pays.

Depuis quelques années, des efforts de tout genre, des sacrifices de toute nature sont journellement faits par les chambres syndicales, en vue de résoudre d'une façon pratique et rationnelle cette question vitale de l'enseignement manuel, de laquelle dépend en partie l'avenir et la prospérité de la France.

J'ai la conviction intime que les groupes syndicaux composés d'hommes connaissant toutes les questions du commerce et de l'industrie, et dont la compétence ne peut être mise en doute, résoudront dans un délai très rapproché ce problème si complexe de l'enseignement technique et professionnel.

Pris dans son caractère général, l'enseignement technique et professionnel est celui qui est plus spécialement dirigé vers les besoins de la profession industrielle ou commerciale à laquelle on destine un enfant.

Son but est d'élever l'habileté professionnelle, en utilisant dans toutes les applications industrielles les connaissances scientifiques et artistiques. Pour atteindre ce but, il faut développer chez l'apprenti et chez l'artisan toutes ses aptitudes et toutes ses qualités, de manière à en faire profiter les différentes branches de l'industrie nationale.

Ces principes ont guidé les fondateurs de l'École d'horlogerie de Paris, au début de leur œuvre. Ils ont également tenu compte, dans leurs programmes d'enseignement, des divers degrés que comporte l'enseignement technique.

Ces degrés sont :

Travail manuel dans l'école primaire ;
Étude du dessin industriel et cours de sciences ;
École d'apprentissage et école préparatoire ;
École technique ;
École technique supérieure.

L'enseignement à l'École d'horlogerie de Paris comprend :

Pour la première année : une série d'études manuelles préparatoires de tour, de lime, de trempe, de polissage et de planage. Ces études pourraient être données d'une façon générale à tous les élèves ou apprentis se destinant au travail des métaux et aux arts mécaniques de précision.

Pour les trois dernières années, l'enseignement est spécial à l'horlogerie. Il embrasse un ensemble important de travaux théoriques et pratiques qui permettent de classer l'École d'horlogerie de Paris, pendant cette période, au nombre des écoles techniques.

Mais avant de développer la dernière partie de ma conférence, c'est-à-dire l'enseignement de l'horlogerie à Paris, il est nécessaire que je vous dise quelques mots, Messieurs, des méthodes actuelles de fabrication.

Fabrication mécanique de l'horlogerie.

Depuis dix années, la fabrication de l'horlogerie commerciale a été complètement transformée.

L'atelier a fait place à l'usine; l'outillage a remplacé la main. Aussi, la production de l'horlogerie à bon marché, par procédés mécaniques, est-elle devenue considérable.

Le rêve du mécanicien, en usinant l'art de l'horlogerie, est de produire des pièces interchangeables, c'est-à-dire tellement identiques, qu'on puisse, sans difficulté et sans ajustement particulier, substituer dans une montre une pièce à une autre pièce de même modèle.

Cette façon de faire des montres à la vapeur ; ces procédés mécaniques, qui taillent automatiquement le métal dans tous les sens et lui donnent toutes les formes, ne peuvent être adoptés pour la construction des chronomètres et des montres exceptionnelles.

Bien et justement compris, les procédés mécaniques rendront d'immenses services dans la production de l'horlogerie ordinaire et de qualité moyenne, en vulgarisant et en permettant aux bourses les plus modestes l'achat de montres de qualité courante.

Malheureusement, les mercantiles sans conscience et sans scrupule n'ont déjà que trop profité de cette fabrication facile pour encombrer le marché de produits, parfois médiocres, et presque toujours de mauvaise qualité. Ils ont ainsi déprécié une industrie qui ne peut prospérer que par la confiance qu'elle inspire au public.

Il faut réagir contre cette tendance fâcheuse.

La machine automatique doit servir à produire à un prix moins élevé tout en produisant meilleure de qualité, ce qui est absolument possible.

École d'horlogerie de Paris.

L'École d'horlogerie de Paris a été fondée pour répondre à tous les besoins de notre art, besoins si nombreux et si complexes dans cette vaste, puissante et industrieuse cité parisienne.

La création de cette œuvre d'enseignement technique et professionnel s'imposait. Chacun comprenait la nécessité de réorganiser l'apprentissage disparu dans la tourmente révolutionnaire de 1793 ; de reconstituer au plus tôt cette pléiade d'artistes habiles et instruits qui, pendant plus d'un siècle, par des travaux hors ligne, des inventions, des découvertes considérables, ont pu maintenir l'horlogerie française au premier rang.

Voilà le problème que s'était posé le groupe syndical qui m'a fait l'honneur de me placer à sa tête ; problème pour la solution duquel nous n'avons pas craint, et nous ne craignons pas encore, mes collègues et moi, de nous imposer les plus lourds sacrifices, physiques et pécuniaires.

Ces efforts, je le déclare hautement, ont été couronnés de succès.

Je ne crains pas d'affirmer devant vous, Messieurs, devant un auditoire composé en grande partie d'horlogers de mérite, que les résultats obtenus à l'École d'horlogerie de Paris, depuis sa fondation, en juillet 1880, sont absolument remarquables.

Prenez, sur ces tables, les travaux de nos élèves ; examinez-les en détail ; je suis certain que vous retrouverez dans cette production nouvelle de régulateurs, de montres et de chronomètres de marine le beau fini, l'exécution hardie et franche, qui ont fait la gloire des maîtres horlogers de la fin du siècle dernier et du commencement de ce siècle.

Ces succès de l'École d'horlogerie de Paris sont dus non seulement aux méthodes rationnelles d'enseignement adoptées par les conseils et la direction de cette œuvre d'initiative privée, mais encore à l'obligation de suivre ponctuellement les programmes manuels qui en sont la conséquence. Dès le début, on exige des élèves, même pour les travaux les plus élémentaires, une exécution parfaite, une précision absolue.

Tous, Messieurs, vous connaissez nos méthodes d'enseignement, dont j'ai eu si souvent l'occasion de vous entretenir en public. Tous, vous savez que nous n'enseignons l'horlogerie, à proprement parler, qu'après l'exécution parfaite de toutes les parties d'un programme technique qui comprend de nombreuses études de limage, de tournage, de planage, de forge, de trempe et de polissage.

Nos élèves ne commencent donc la construction d'un régulateur que lorsqu'ils connaissent pratiquement les divers éléments du travail manuel. Ceci explique le beau fini, jusque dans ses moindres détails, des pièces d'horlogerie que j'ai l'honneur de vous présenter. On sent, en examinant ces travaux, que celui qui les a exécutés savait, au préalable, limer et tourner le cuivre, l'acier, le bois.

Depuis la fondation de l'École d'horlogerie de Paris, nous avons donné l'enseignement à cent vingt élèves (1). Sur ce nombre, trente-deux, sortis ouvriers, sont actuellement placés dans de bonnes maisons d'horlogerie de Paris et de la province. Plusieurs de nos élèves ont quitté momentanément la France. Ils sont allés à l'étranger, comme moi-même je l'ai fait il y a vingt-huit années, pour compléter

(1) A l'ouverture de l'année scolaire, août 1886, le nombre des élèves était de 138.

leur instruction professionnelle et revenir avec des connaissances complètes sur l'organisation des centres horlogers suisses et anglais.

Les résultats que nous avons obtenus devaient forcément produire un développement considérable de notre œuvre. Ce développement, devient chaque jour de plus en plus marqué. Déjà les soixante établis dont nous disposons dans nos ateliers sont continuellement pris. L'internat, de vingt-cinq lits, est devenu trop exigu. Enfin, il ne nous est plus permis, faute de place, de donner satisfaction à toutes les nouvelles demandes d'admission qui nous sont journellement adressées. En présence de ce fait, le conseil d'administration décida la construction de vastes ateliers.

Un terrain de 1200 mètres fut acquis rue Manin et rue David d'Angers par la société de l'École d'horlogerie de Paris, et, sur cet emplacement, nous allons bientôt construire des bâtiments d'une grandeur suffisante pour recevoir cent élèves. Ces bâtiments comprendront : des ateliers, des salles de cours et de dessin, un amphithéâtre pour les démonstrations techniques, une bibliothèque, un musée spécial, un internat avec les dépendances et les locaux nécessaires aux divers services de la direction et de l'administration de l'École.

Pour arriver à ce résultat, nous avons déjà recueilli plus de cent dix mille francs. Cette somme est considérable ; elle n'est cependant pas suffisante. Aidez-nous donc, Messieurs : pécuniairement, en nous prêtant votre argent ;

moralement, en faisant en faveur de notre œuvre une puissante propagande.

Il me resterait encore beaucoup à dire sur l'École d'horlogerie de Paris et sur l'enseignement technique en général ; mais je constate que, depuis une heure, j'ai dépassé le temps fixé pour cette conférence. Je m'arrête donc, bien à regret.

Je termine en vous exprimant, Messieurs, ma profonde gratitude d'avoir bien voulu écouter avec patience, je dirai même avec une extrême bienveillance, cette trop longue conférence. Je vous demande ensuite de vous joindre à moi pour remercier notre sympathique directeur, M. le colonel Laussédat, de sa gracieuse hospitalité. Permettez-moi, en votre nom, de lui exprimer toute notre reconnaissance pour les services journaliers qu'il rend au pays en instruisant les jeunes.... et les anciens.... par un enseignement scientifique et pratique bien compris du passé et du présent industriel et commercial de la France.

Enfin, je vous demande, Mesdames et Messieurs, d'émettre le vœu que l'une des rues voisines du Conservatoire des arts et métiers porte le nom de l'un de nos plus savants maîtres dans l'art de donner l'heure, de l'éminent artiste français dont les travaux furent si précieux pour la découverte des longitudes en mer, de notre maître à tous, en un mot, de Pierre Le Roy.

UNION NATIONALE
DU COMMERCE ET DE L'INDUSTRIE

RÉUNION ANNUELLE

17 MARS 1886

Discours de M. A.-H. RODANET

VICE-PRÉSIDENT DU COMITÉ CENTRAL DES CHAMBRES SYNDICALES

UNION NATIONALE

DU COMMERCE ET DE L'INDUSTRIE

RÉUNION ANNUELLE

17 MARS 1886

DISCOURS DE M. A.-H. RODANET

VICE-PRÉSIDENT DU COMITÉ CENTRAL DES CHAMBRES SYNDICALES

Messieurs,

Le président du Comité central des Chambres syndicales, M. Létrange, n'a pu se rendre, par suite d'une légère indisposition, à l'invitation si sympathique de l'Union nationale du commerce et de l'industrie. En son absence, je suis heureux de pouvoir répondre, au nom du Comité central des Chambres syndicales, à cette preuve nouvelle de sympathie et de bonne confraternité que votre groupe, Messieurs, donne au Comité central. Je suis d'autant plus heureux de la circonstance imprévue qui me permet de prendre la parole, que j'ai à cœur de vous dire combien je crois indispensable, pour l'influence, et surtout pour l'avenir de nos syndicats, de voir exister entre tous les groupes syndicaux l'union la plus parfaite, la plus cordiale et la plus désintéressée. (*Très bien !*)

Je n'abuserai pas, Messieurs, de votre bienveillante attention. Les orateurs dont vous venez d'entendre les improvisations si éloquentes et la parole si autorisée, ont épuisé le thème sur lequel il serait téméraire, de vouloir essayer d'ajouter de nouvelles variations.

Aussi bien, en ma qualité de constructeur de chronomètres, j'ai la mauvaise habitude de surveiller, partout où je me trouve, la marche de l'heure sur un cadran, et je constate avec une certaine inquiétude que les aiguilles de l'horloge que j'ai devant moi courent avec une vertigineuse rapidité vers la douzième heure de la nuit. De cette pénible constatation, il résulte, Messieurs, qu'à défaut d'éloquence, il faudra, ce qui ne me sera pas bien difficile, être aussi bref que possible.

L'honorable M. Édouard Lockroy, ministre du commerce et de l'industrie; M. Muzet, président du Syndicat général; M. le président du Conseil municipal de Paris; M. de Lanessan, député, et tous les autres orateurs qui m'ont précédé, tout en faisant ressortir avec un grand talent l'importance des services rendus par nos chambres syndicales au commerce et à l'industrie, ont surtout indiqué dans quelle mesure les avis émanant d'hommes pratiques étaient pris en haute considération par les conseils du Gouvernement et par les membres du Corps législatif. J'ajouterai que la réorganisation de l'apprentissage, par la création d'écoles techniques et professionnelles, est une des grosses préoccupations de nos syndicats. (*Bravos !*)

La solution de ces questions considérables est vitale, vous ne l'ignorez pas, Messieurs, pour l'avenir commercial et industriel de la France.

Il est donc absolument indispensable qu'il existe entre tous les groupes syndicaux l'union la plus cordiale et la plus absolue ; de cette union, que je désire si vivement aujourd'hui, il sortira certainement des résultats de nature à convaincre ceux qui ne font pas partie de nos groupes de la nécessité de se rallier à nous. (*Très bien ! Bravos !*)

Avant de vous proposer de porter un toast à l'union de tous les groupes syndicaux, je tiens, en ma qualité de président de l'École d'horlogerie de Paris, à constater que M. Lockroy, représentant du Gouvernement à cette réunion, que M. le président du Conseil municipal de Paris, ont exprimé à différentes reprises la sympathie dont ils sont animés pour les créations de nature à développer l'enseignement technique en France.

La Chambre syndicale de l'horlogerie de Paris, dont je m'honore d'être le président, a créé une école technique avec internat. Le développement de cette œuvre est actuellement très important ; il serait considérable, si la demande faite par moi au Conseil municipal d'un terrain pour édifier les bâtiments de la nouvelle école, demande renvoyée par la troisième commission à M. Muzet, comme rapporteur, recevait, grâce à son rapport, une solution favorable du Conseil.

Je termine, Messieurs et chers collègues, en vous priant de vous associer à moi pour porter un toast à l'union de tous les groupes syndicaux, à leur développement et à leur prospérité.

Je bois, Messieurs, à l'union indissoluble des groupes syndicaux professionnels. (*Vifs applaudissements.*)

CHAMBRE SYNDICALE DE L'HORLOGERIE

ET

ÉCOLE D'HORLOGERIE DE PARIS

PRÉSIDENCE DE M. ÉD. LOCKROY, MINISTRE DU COMMERCE ET DE L'INDUSTRIE

RÉUNION ANNUELLE

4 AVRIL 1886

Discours de M. A.-H. RODANET

PRÉSIDENT DE LA CHAMBRE SYNDICALE DE L'HORLOGERIE DE PARIS

CHAMBRE SYNDICALE DE L'HORLOGERIE

ET

ÉCOLE D'HORLOGERIE DE PARIS

Présidence de M. Éd. LOCKROY, Ministre du Commerce et de l'Industrie

RÉUNION ANNUELLE

4 AVRIL 1886

DISCOURS DE M. A.-H. RODANET

PRÉSIDENT DE LA CHAMBRE SYNDICALE DE L'HORLOGERIE DE PARIS

Mesdames,

Monsieur le Ministre, chers Collègues,

J'ai le vif regret de vous présenter les excuses de plusieurs de nos invités. En premier lieu, celles de Mme Lockroy et de Mme de Hérédia, dont l'absence est pour nous un véritable chagrin. (*Marques d'approbation.*) Je vous exprime les regrets qu'ont bien voulu me faire parvenir MM. Wilson, Frébault, de Lanessan, députés ; le colonel Laussedat, directeur du Conservatoire des arts et métiers ; Michau, président du

Tribunal de commerce; Dietz-Monin, président de la Chambre de commerce; Muzet, président du Syndicat général; Létrange et Saglier, président et vice-président du Comité central des chambre syndicales; Mozet, président du groupe syndical du bâtiment.

Toutefois, si M. le président Mozet n'a pu se rendre parmi nous, nous avons la bonne fortune de posséder son président honoraire, M. Bertrand.

Je vous demande, Messieurs, de porter tout d'abord un toast à l'homme intègre, au républicain convaincu, au premier magistrat de la République française, à M. Jules Grévy. (*Applaudissements.*)

Maintenant, je me vois forcé de vous avouer, Messieurs, dans quelle triste situation je me trouve. Je suis tenu, par le fait même de ma présidence, de vous parler au nom du Syndicat de l'horlogerie. Mais, absorbé par l'étude des documents relatifs à la conférence sur l'horlogerie astronomique et civile, que j'ai faite cet après-midi au Conservatoire national des arts et métiers, je n'ai pu préparer un toast pour le banquet qui nous réunit présentement.

Je pensais que la conférence serait terminée à quatre heures; mais je comptais sans un auditoire bienveillant, je dirai même sympathique, qui m'a forcé de parler plus longtemps que je ne le supposais. (*On rit.*)

A cinq heures et quart seulement, je quittais le grand amphithéâtre de la rue Saint-Martin.

J'ai bien le temps de penser à mon allocution, me

disais-je. Mais le croiriez-vous, Monsieur le Ministre ? mes collègues m'ont entraîné, malgré moi, dans un cercle fréquenté par des gens à figures joyeuses, qui parlaient bruyamment.

Je l'avoue, dans ce cabinet de travail improvisé, il m'a été impossible de me recueillir. (*On rit à nouveau.*)

Je dois cependant vous dire, Monsieur Lockroy, tout l'honneur que vous nous faites et toute la joie que nous éprouvons à avoir parmi nous un membre du Gouvernement. Je vous parlerai d'abondance et avec la plus entière et la plus cordiale franchise.

N'êtes-vous pas, en effet, l'un des hommes les plus dévoués au développement de l'enseignement professionnel en France, par suite, un ami sincère des membres de l'école technique que nous avons fondée ? (*Applaudissements.*)

Cette sympathie que vous nous témoignez, nous y sommes habitués. Vos anciens collègues ont toujours protégé notre œuvre avec une grande bienveillance. C'est grâce à leur intervention puissante que notre École a été reconnue d'utilité publique.

Dans une circonstance analogue à celle-ci, n'avons-nous pas ouvert, l'année passée, en présence de M. Rouvier, un emprunt de 300,000 francs pour la construction des bâtiments de notre nouvelle École ?

M. Teisserenc de Bort doit s'en souvenir : dans sa hâte à aider au développement d'une œuvre utile, il voulait, même avant le Ministre du commerce, donner sa souscription.

Devons-nous le succès de cet emprunt à la présence de M. Rouvier au banquet de 1885, à son adhésion, ou le devons-nous aux dispositions favorables du public parisien à notre égard ? Je ne le sais ; mais ce qui est certain, c'est que nous nous présentons à nouveau devant vous, Messieurs, avec plus de 100,000 francs souscrits. (*Bravos.*)

Nous avons adressé, il y a quelques semaines, au Conseil municipal de Paris, une demande tendant à obtenir, non pas gratuitement, mais à un prix réduit, un terrain de 700 mètres situé au coin de la rue d'Allemagne et de la rue Tandou, pour y édifier les bâtiments de notre nouvelle École. J'insiste près de mon voisin de table pour qu'il appuie énergiquement cette demande. Je dois dire que je demande beaucoup au conseiller Mesureur. Déjà, cet après-midi, je l'ai prié de débaptiser une rue, ce qui est dans ses attributions. (*On rit.*) J'ai émis le vœu que l'une des voies voisines du Conservatoire national des arts et métiers portât le nom du grand artiste français qui, à la fin du XVIIIe siècle, contribua si puissamment au succès de la découverte des longitudes en mer, le nom de Pierre Le Roy. (*Applaudissements.*)

Depuis 1880, MM. Teisserenc de Bort et de Hérédia suivent avec un intérêt constant le développement de notre œuvre. Aussi applaudissent-ils d'autant plus à nos succès, qu'ils nous ont vus sur la brèche et qu'ils se rappellent les rudes épreuves des débuts : la jalousie des uns, l'indifférence des autres.

Nous avons persévéré envers et contre tout. Aujourd'hui, Monsieur le Ministre, l'œuvre est fondée, la tentative qu'on taxait de folie a réussi. Si bien réussi que, dans quelques minutes, nous vous demanderons d'accepter un souvenir, qui non seulement vous obligera à être absolument exact dans vos rendez-vous, mais qui, surtout, vous rappellera la franche amitié que nous avons pour vous et la cordiale réception du 4 avril 1886.

Je reviens à mon ami Mesureur et à notre demande de terrain. Vous allez, cher voisin, convaincre vos collègues du Conseil municipal. Vous nous ferez obtenir ce terrain dans de bonnes conditions.

C'est convenu, nous bâtirons vite. N'oublions pas, en effet, que la nouvelle École doit être édifiée dans deux années et demie. Le bail actuel de nos locaux expire en 1888. Il faut donc être prêt avant cette époque, d'autant plus que mon ami de Hérédia a hâte de procéder avec nous à l'inauguration des ateliers nouveaux.

Mes collègues et moi nous avons appris avec le plus grand plaisir, Monsieur le Ministre, que vous aviez déposé sur le bureau de la Chambre des députés le projet relatif à l'Exposition de 1889. Je vous rappelle, à ce propos, combien est grand le dévouement des membres du Syndicat de l'horlogerie pour vos projets. Vous pouvez frapper à toutes les portes ; elles s'ouvriront pour laisser passer un ami, un collaborateur actif prêt à vous prêter un concours réel et intelligent.

Je vous prie maintenant, Monsieur le Ministre, de bien vouloir accepter un souvenir de cette fête. Ce souvenir est un régulateur construit par nos élèves. Il vous donnera non seulement l'heure exacte, mais encore il vous indiquera, j'en suis convaincu, de longues heures de joie et de bonheur.

Je termine en vous priant, Mesdames et Messieurs, de vous joindre à moi pour porter un toast chaleureux à Monsieur le Ministre du commerce et de l'industrie. (*Applaudissements.*)

Je bois également à la presse parisienne, à cette presse puissante et généreuse qui nous a prêté si souvent un concours indispensable. Je bois à la presse parisienne. (*Applaudissements.*)

GRAND AMPHITHÉATRE

DU CONSERVATOIRE NATIONAL DES ARTS ET MÉTIERS

DISTRIBUTION DES PRIX

DE

L'ÉCOLE DE GARÇONS DE LA RUE ÉTIENNE-MARCEL

DIRIGÉE PAR M. REGIMBEAU

ET DE

L'ÉCOLE DE JEUNES FILLES DE LA RUE DE LA JUSSIENNE

DIRIGÉE PAR Mlle BOURGEOIS

SÉANCE SOLENNELLE DU 7 AOUT 1886

Discours de M. A.-H. RODANET

MEMBRE DE LA DÉLÉGATION CANTONALE ET DE LA CAISSE DES ÉCOLES

DU IIe ARRONDISSEMENT DE PARIS

GRAND AMPHITHÉATRE

DU CONSERVATOIRE NATIONAL DES ARTS ET MÉTIERS

DISTRIBUTION DES PRIX

Séance solennelle du 7 août 1886

DISCOURS DE M. A.-H. RODANET

MEMBRE DE LA DÉLÉGATION CANTONALE ET DE LA CAISSE DES ÉCOLES DU IIe ARRONDISSEMENT DE PARIS

Mes chers enfants,

Délégué par la Municipalité du IIe arrondissement à la présidence de cette fête, je veux, avant de procéder à la distribution solennelle des prix, vous entretenir de l'enseignement qui vous a été donné, et vous dire quelques mots au sujet de vos professeurs, dont le dévouement et l'abnégation sont dignes des plus grands éloges.

Ne vous effrayez pas de ce préambule, chers enfants. Je comprends, pour l'avoir éprouvé moi-même, votre légitime impatience. Je serai très bref. Je ne veux pas, par un long discours, retarder le moment heureux où, fiers de vos succès, joyeux du bonheur de vos familles, vous viendrez, à l'appel de vos noms, recevoir de nos mains la récompense que vous aura valu votre assiduité au travail.

L'enseignement primaire est, depuis 1870, l'objet de la plus vive sollicitude du gouvernement et des municipalités. Sur tous les points du territoire, depuis l'année terrible, c'est par milliers que les écoles primaires ont été fondées.

Dans la seule année de 1884, on a créé 689 établissements de ce genre, et le total des écoles primaires en France est de 79,145, qui se divisent en 66,123 écoles publiques et 13,022 écoles libres.

Tout le monde connaît les sacrifices de toute sorte que le Conseil municipal de la ville de Paris s'est imposé pour le développement de l'enseignement primaire. Dans vos promenades hebdomadaires avec vos familles, vous avez pu voir dans les quartiers les plus éloignés, je dirai même les plus déshérités de notre puissante cité, s'élever comme par enchantement les groupes scolaires si bien compris et si bien distribués, tant au point de vue de l'hygiène qu'au point de vue de l'aménagement des services intérieurs.

Jamais la ville de Paris ne s'était vouée avec plus d'ardeur aux questions d'enseignement. Jamais elle n'avait travaillé avec plus de vaillance à résoudre les problèmes d'ordre intellectuel et technique qui intéressent si profondément la paix sociale, l'industrie, le commerce, en un mot, l'avenir et la prospérité de la France.

En me désignant pour présider la distribution des prix de l'école de garçons dirigée par M. Régimbeau, et de l'école de filles dirigée par Mlle Bourgeois, M. le Maire du IIe arrondissement a rendu ma tâche facile, ces établissements ayant obtenu, cette année, des succès éclatants.

L'école municipale de la rue Étienne-Marcel est un centre de premier ordre, qui comprend, non seulement l'enseignement primaire, les cours supérieurs et complémentaires des vétérans, les cours d'adultes élémentaires et commerciaux, mais encore un enseignement manuel fort bien compris.

Membre du Conseil supérieur de l'enseignement technique, fondateur et directeur de l'École d'horlogerie de Paris, j'ai tenu à visiter, dans les plus grands détails, les ateliers dirigés par M. Régimbeau. Il m'a été permis d'étudier, avec un vif intérêt, leur fonctionnement et leur organisation.

Je suis heureux de déclarer, à la suite de cet examen, que j'ai été agréablement surpris.

Votre directeur, ne l'oubliez pas, chers enfants, est un homme de cœur et d'initiative.

En 1871, le lendemain de nos désastres, M. Régimbeau, consulté par la délégation cantonale du IIe arrondissement, exposait dans un rapport très remarquable, adressé à la Municipalité, la nécessité, pour préserver l'enfance et faire progresser notre industrie nationale, d'organiser des ateliers dans nos établissements d'instruction primaire.

M. Régimbeau terminait ainsi son rapport :

« Tout aujourd'hui appelle la transformation de notre « enseignement populaire. Les progrès croissants de l'in- « dustrie étrangère, l'extrême division du travail, si favo- « rable au bon marché des produits, mais si contraire au « développement physique et intellectuel du travailleur, et, « par-dessus tout, l'heureux envahissement de la machine « dans le domaine du manouvrier, nécessitent la recherche « de nouveaux moyens de production et de procédés de « fabrication.

« Quelle prodigieuse quantité de forces perdues ou « laissées improductives produirait une semblable organi- « sation de nos écoles ! Quels immenses résultats pour « la production, l'industrie, le commerce, la moralité et le « bien-être de notre pays ! »

Ce judicieux langage d'un homme absolument convaincu devait porter ses fruits.

Les ateliers rêvés par M. Régimbeau furent péniblement organisés au début. Les ressources dont il disposait étaient fort modestes. Aujourd'hui il est permis d'entrevoir la réussite complète de ses projets.

Le rôle de l'instituteur primaire est de développer toutes les facultés naissantes de l'enfant, aussi bien au point de vue intellectuel qu'au point de vue manuel.

M. Régimbeau l'a parfaitement compris. C'est dans ce but qu'il a organisé des ateliers, sorte de pépinière destinée à préparer des enfants à l'apprentissage de tous les métiers du bois et du fer.

Je vous ai exprimé, Monsieur le Directeur, ma façon de voir au sujet de votre œuvre ; permettez-moi maintenant de vous dire, avec la même franchise, ce que je pense de vos méthodes d'enseignement manuel.

Le travail du bois est parfaitement organisé.

Les programmes d'enseignement sont basés sur une augmentation graduelle de difficultés de main-d'œuvre. Ils permettent la confection d'une quantité de travaux intéressant l'enfant, travaux qui, sans de sérieuses difficultés, peuvent être exécutés très convenablement.

A mon avis, le travail du fer, exigeant plus d'aptitude que le travail du bois, doit être conduit au moins avec autant de méthode que ce dernier. Pourquoi n'en est-il pas ainsi rue Étienne-Marcel ? Mieux que personne, les instituteurs savent cependant, par expérience, combien il est nécessaire de procéder méthodiquement, lorsqu'il s'agit des débuts d'un enseignement. Que cet enseignement soit littéraire, scientifique, artistique ou manuel, il faut qu'il soit donné suivant des principes qui auront pour conséquences d'éviter que l'enfant ne prenne, dès le commencement, de mauvaises habitudes de travail qu'il serait difficile de déraciner par la suite. Il faut, je l'ai dit bien souvent, savoir limer avant d'ajuster, absolument comme il faut connaître ses lettres avant d'épeler. A cette condition seulement, le travail manuel, organisé dans les écoles communales, rendra de réels services en préparant convenablement les enfants pour l'école technique ou pour l'apprentissage.

Je regrette de n'avoir pas trouvé dans les ateliers de la rue Étienne-Marcel un tour au pied pour le métal. Cet enseignement est indispensable. Il forme la main à des exercices d'un ordre particulier ; il permet un genre de travail relativement facile, qui est, après les études de limes, un délassement pour l'élève. Le tournage du cuivre et de l'acier aurait enfin l'avantage, par la production rapide de tous ces petits ouvrages, d'intéresser l'enfant et de développer ses aptitudes naturelles pour les travaux manuels.

La ville de Paris, sans grever son budget, pourrait fournir des tours au pied aux écoles communales, ces outils étant fabriqués par les élèves à l'école municipale de la Villette.

L'école de garçons dirigée par M. Régimbeau a eu, cette année, des succès de toutes sortes.

L'un des élèves, Richarme, a été classé le premier de tous les élèves de Paris pour le certificat supérieur commercial.

Au grand concours, l'école de la rue Étienne-Marcel a eu, pour le dessin, un lauréat ; pour le chant, un premier prix.

Les élèves des cours complémentaires qui, après les examens de fin d'année, ont obtenu des livrets à la Caisse d'épargne sont les suivants :

Lefrère, un livret de 200 francs; de Beaune, Barroux et Schitz, des livrets de 150 francs.

Dans les cours supérieurs (vétérans), nous remarquons :

Pradeau, qui a obtenu un livret de 150 francs, et Cosson, Prétat, Schillès, qui ont eu des livrets de 100 francs.

Enfin, trente-huit élèves de cette école ont obtenu le certificat d'études primaires, et aux plus méritants il a été décerné les livrets de la Caisse d'épargne suivants :

Granjean, livret de 80 francs; Hoppmann, Andrieu, Seurin et Chardon, livrets de 50 francs.

Les livrets offerts par la Caisse des écoles et par des particuliers ont été obtenus par les élèves : Toursel (Anatole), livret de 100 francs ; Caruchet et Reynier, livrets de 50 francs; Calle, livret de 25 francs; Fournier, livret de 15 francs; Legout, Herman, livrets de 10 francs; Orléans, livret de 41 francs.

Enfin, des bourses de voyage ont été décernées aux élèves Barroux, Lefrère et Caruchet.

Je termine cette longue liste de récompenses exceptionnelles en vous disant, Mesdames et Messieurs, que M. le directeur a bien voulu m'autoriser d'offrir une montre à remontoir comme prix spécial à l'élève qui s'est le plus distingué pour le travail du fer.

Ce prix est décerné à Lucien Lefrère.

L'école des filles dirigée par Mlle Bourgeois a eu, elle aussi, de grands succès cette année. Il ne pouvait en être autrement. La bonne tenue de cet établissement, l'affabilité de sa directrice, son dévouement à la chose publique devaient infailliblement amener ces résultats.

Mlle Bourgeois fut nommée directrice en août 1880. Ses débuts, rue de la Jussienne, furent pénibles. Des difficultés de toutes sortes furent surmontées, grâce à l'affabilité et l'aménité de Mlle Bourgeois et au personnel enseignant qui ne l'a jamais quittée.

Les cours de coupe et d'assemblage représentent, dans l'école de filles de la rue de la Jussienne, l'enseignement spécial professionnel. Ils sont fort bien organisés.

Il est, à coup sûr, très regrettable que cet établissement, qui donne l'enseignement à plus de trois cents élèves, soit logé aussi à l'étroit. Il serait à désirer que le Conseil municipal édifie au plus vite un groupe scolaire, comme cela est depuis longtemps décidé, sur le vaste terrain qui forme l'angle de la rue Étienne-Marcel et de la rue de la Jussienne.

Cette année, sur trente élèves présentées par Mlle Bourgeois pour l'obtention des certificats d'études, vingt-neuf ont été reçues. Ce succès est éclatant.

L'une des élèves, Mlle Jeanne Cousin, a obtenu au concours général de coupe et d'assemblage de l'arrondissement la première récompense, c'est-à-dire un livret à la Caisse d'épargne de 50 francs.

M. Drouin, professeur de chant, habitué aux succès, a fait remporter aux élèves de Mlle Bourgeois un premier prix de chant au concours général de toutes les écoles de la ville de Paris.

Les livrets de la Caisse d'épargne ont été décernés à :

Mlle Marthe Chambon, un livret de 200 francs ;
Mlle Emma Boudou, un livret de 150 francs ;
Mlle Élise Bierry, un livret de 80 francs ;
Mlles Jeanne Cousin et Aline Bazaire, un livret de 50 francs.

Nos meilleurs compliments à Mlle Bourgeois et à M. Régimbeau.

Ils ont bien mérité de vous, chers enfants, aussi je ne saurais trop vous engager à applaudir de toutes vos forces votre aimable directrice et ses sympathiques collaboratrices, ainsi que M. Régimbeau et ses dévoués professeurs.

Dans vos bravos et vos applaudissements, n'oubliez pas, chers enfants, M. l'inspecteur primaire, dont le savoir et les services sont vivement appréciés de la Municipalité et de la Délégation cantonale du IIe arrondissement.

Je termine en recommandant à ceux d'entre vous qui reviendront l'année prochaine dans nos écoles, pour y compléter leur instruction primaire, d'être attentifs aux leçons de leurs maîtres, d'être respectueux pour ceux qui veulent faire de vous des hommes instruits et moraux, des femmes honnêtes et dévouées ; d'être persévérants, studieux, afin de profiter abondamment de l'enseignement qui vous est donné. En agissant ainsi, vous ferez le bonheur de vos familles, qui s'imposent, vous le savez, d'énormes sacrifices pour vous élever convenablement.

A ceux qui ont terminé leurs études et qui, bientôt, vont entrer en lutte avec les difficultés de la vie, je me borne à dire simplement : N'oubliez pas les leçons qui vous ont été données ; faites-en votre profit. Soyez reconnaissants envers vos parents, envers vos maîtres qui vous ont fait ce que vous êtes ; continuez à vous instruire ; cultivez votre intelligence ; devenez plus habiles, plus savants, car vous n'ignorez pas que la grandeur d'un pays dépend de la valeur de ses citoyens.

Enfin, servez la patrie avec dévouement, et la République avec fidélité.

ASSOCIATION PHILOTECHNIQUE

DE PARIS

RÉUNION DU 20 JUIN 1886

Discours de M. A.-H. RODANET

TRÉSORIER DE L'ASSOCIATION PHILOTECHNIQUE DE PARIS

ASSOCIATION PHILOTECHNIQUE

DE PARIS

RÉUNION DU 20 JUIN 1886

Discours de M. A.-H. RODANET

TRÉSORIER DE L'ASSOCIATION PHILOTECHNIQUE DE PARIS

Mesdames, Messieurs,

Vous me voyez fort embarrassé. Habitant la province depuis quelques mois — quand je dis la province, je veux parler tout simplement de Saint-Cloud où nous résidons, ma famille et moi, sous de frais ombrages..... (*On rit.*) Vous riez de ce que je viens de dire, cependant c'est extrêmement sérieux. Au lieu de venir en tenue officielle, comme je n'eusse pas manqué de le faire, si j'habitais encore Paris, je me suis vu contraint de me présenter tel que vous me voyez. (*On rit.*)

Soyons sérieux, j'ai à vous dire que vous avez oublié, mes chers collègues, de porter plusieurs toasts d'une importance réelle.

Et tout d'abord, je vous propose de boire à l'enseignement professionnel. Je suis, vous le savez, un grand partisan de cet enseignement spécial. (*Applaudissements.*) Sans regret, j'ai sacrifié dix années de ma vie pour la création, à Paris, d'une école technique et professionnelle. Tout ce que vous avez déjà fait dans cette voie, et tout ce que vous continuerez, je n'en doute pas, de faire aura mon complet assentiment. Réunissons donc tous nos efforts pour que, définitivement, l'enseignement professionnel prenne racine dans l'Association philotechnique. (*Très bien.*)

Il n'est que juste encore de porter un toast à tous nos patrons, à tous nos bienfaiteurs, à tous nos adhérents, à tous ceux qui veulent bien nous prêter un concours sérieux. En ma qualité de trésorier, j'entends parler, vous le comprenez bien, d'un concours pécuniaire. Ce toast, je le porte avec d'autant plus de chaleur, que j'espère bien compter, l'année prochaine, dans l'Association philotechnique, un plus grand nombre de protecteurs et de patrons. (*Marques d'assentiment.*)

Permettez-moi de vous faire remarquer, mes chers collègues, qu'involontairement vous avez oublié de boire à notre président et ami de Hérédia, qui, dans nos réunions, trouve le moyen de m'être désagréable (*On rit.*) en me donnant toujours la parole lorsqu'il n'y a plus rien à dire. (*Nouveaux rires.*)

Je porte donc un toast chaleureux à M. de Hérédia, notre dévoué président. (*Applaudissements unanimes.*)

Permettez, je n'ai pas fini, il y a encore d'autres toasts à porter.

Vous avez parlé de fusion entre les associations; vous avez parlé des bons rapports qui existent entre la Polytechnique et la Philotechnique, et vous avez tous, Messieurs, complètement omis de rappeler que l'an passé, pour la première fois, nous avons travaillé en commun à l'œuvre commune. N'avons-nous pas organisé ensemble un bal, un fort beau bal, partageant de la façon la plus fraternelle les bénéfices que cette fête a donnés? (*Bravos.*)

Je bois donc, non plus seulement à une fusion projetée, mais surtout à une fusion réalisée et que cimentera, d'une façon complète, le bal que nous donnerons en décembre 1886. (*Vifs applaudissements.*)

Je remarque que les dames ont particulièrement applaudi mes dernières paroles. (*Sourires.*) Cela n'a rien d'extraordinaire : il était question d'un bal.

Enfin je vous demande de vous unir à moi dans un dernier toast, qui, j'en suis convaincu, obtiendra l'assentiment général.

Il y a un an, M. Unal était secrétaire général. Aujourd'hui, il occupe les fonctions de vice-résident au Tonkin. Sans phrase, je vous demande de porter un toast à cet ami absent, à cet ami que nos vœux accompagnent dans la mission dont la France l'a chargé.

Je bois à Unal et à sa famille. (*Applaudissements prolongés.*)

PALAIS DU TROCADÉRO

DISTRIBUTION SOLENNELLE DES RÉCOMPENSES

DE

L'ÉCOLE D'HORLOGERIE

ET DE LA

CHAMBRE SYNDICALE DE L'HORLOGERIE DE PARIS

Année 1885-1886

Séance publique du 27 juin 1886

Présidée par M. DE HÉRÉDIA, Député, Délégué par M. le Ministre du Commerce et de l'Industrie

Discours de M. A.-H. RODANET

PRÉSIDENT-DIRECTEUR DE L'ÉCOLE D'HORLOGERIE DE PARIS

PALAIS DU TROCADÉRO

DISTRIBUTION SOLENNELLE DES RÉCOMPENSES

DE

L'ÉCOLE D'HORLOGERIE

ET DE LA

CHAMBRE SYNDICALE DE L'HORLOGERIE DE PARIS

Séance publique du 27 juin 1886

DISCOURS DE M. A.-H. RODANET

PRÉSIDENT-DIRECTEUR DE L'ÉCOLE D'HORLOGERIE DE PARIS

Mesdames, Messieurs,

Je dois d'abord présenter les excuses d'un certain nombre de personnes, qui ne peuvent, pour des raisons diverses, assister à cette cérémonie :

MM. Goblet, ministre de l'instruction publique, des beaux-arts et des cultes ; Dietz-Monnin, sénateur ; Brisson, Frédéric Passy, Frébault, députés ; Cusset et Guichard, membres du Conseil municipal de Paris ; Michau, président du Tribunal de commerce; Gréard, vice-recteur de l'Académie de Paris; Alphand, directeur des travaux de la ville de Paris; M. le préfet de police; M. le secrétaire général de la préfecture de police; MM. Muzet, conseiller municipal, président du syndicat général des Chambres syndicales, et Mozet, président du groupe des Chambres syndicales du bâtiment, ne peuvent à leur grand regret, assister à notre fête.

Mesdames, Messieurs, chers Collègues, il y a quatorze ans environ, les membres de l'industrie horlogère — dont nous sommes les modestes représentants — vivement émus des progrès considérables réalisés à l'étranger dans cet art de haute précision, entraînés par le mouvement corporatif qui se produisit alors, sentirent la nécessité de se grouper plus étroitement, afin d'étudier en commun les questions de toutes sortes se rattachant à la production et au commerce de l'horlogerie française.

La Chambre syndicale de l'horlogerie de Paris fut créée sous cette influence.

Dès le début, ce nouveau groupe comprit qu'il y avait urgence à organiser d'une façon rationnelle et véritablement pratique l'enseignement technique et professionnel. Ses efforts principaux tendirent immédiatement vers ce but.

Les concours généraux annuels furent fondés.

A ces concours, dont nous fêtons aujourd'hui le douzième anniversaire, la Chambre syndicale de l'horlogerie de Paris admet, vous le savez, Messieurs, sans distinction de nationalité, tous les patrons, tous les ouvriers, tous les apprentis horlogers résidant en France; tous ceux qui, domiciliés dans notre pays, ont des intérêts industriels relatifs à notre profession.

Les concours annuels prirent, dès leur origine, un développement marqué. Ils ont aujourd'hui une importance considérable. Les récompenses qui sont décernées ont une grande valeur, et la quantité et la qualité des concurrents qui y prennent part augmentent d'année en année.

Nous ferions mieux encore, Messieurs, si tous les ouvriers parisiens, remarquables par leur habileté, comprenaient qu'il serait de leur intérêt de consacrer chaque année quelques semaines de leur temps en faveur de nos concours. En agissant ainsi, ces artistes apporteraient, — je ne puis en douter, — à l'appréciation de nos jurés, des produits analogues à ceux qui leur ont valu, dans les grands tournois internationaux de 1867 et 1878, des récompenses plus élevées que celles qui ont été accordées à beaucoup de leurs concurrents étrangers. (*Bravos.*)

Cette année, plusieurs candidats de réelle valeur ont été présentés pour le prix spécial de bonne conduite, de moralité et de travail. C'est avec une vive satisfaction que je constate qu'il existe encore un bon nombre de vieux ouvriers constants, fidèles, fort méritants, tant au point de vue de l'honorabilité que des qualités professionnelles.

En présence de cette pluralité de candidats aussi intéressants les uns que les autres, la Chambre syndicale a décidé de récompenser deux artistes au lieu d'un, comme elle l'a fait les années précédentes. (*Marques d'approbation.*)

La création des concours annuels n'était que le prélude des efforts plus considérables que la Chambre syndicale de l'horlogerie de Paris devait réaliser dans l'organisation de l'enseignement professionnel.

Nous avions tous la ferme volonté de fonder à Paris un centre d'enseignement, de créer dans ce milieu actif, intelligent et riche, une véritable école technique où l'enseignement de notre art serait donné, dans toutes ses branches, théoriquement et pratiquement, avec méthode et uniformité.

Ce projet, sérieusement étudié, discuté à fond, fut admis définitivement par l'assemblée générale du syndicat de l'horlogerie, de Paris, le 12 juillet 1880.

L'École d'horlogerie de Paris était fondée.

Dans la même année, 50,000 francs environ furent recueillis. Les statuts de la nouvelle société, les programmes d'enseignement, les règlements intérieurs furent élaborés; enfin, le 6 mars 1881, dans une séance solennelle présidée par M. le directeur du commerce intérieur, délégué par le Ministre du commerce, la nouvelle École fut inaugurée.

Vous le voyez, Messieurs, imbus des devoirs que nous avons à remplir vis-à-vis de notre corporation et de la société, nous agissions vigoureusement et avec d'autant plus d'ardeur qu'il nous semblait, et qu'il nous semble encore que la meilleure réponse à faire à des contradicteurs est de résoudre vite les problèmes posés. (*Bravos.*)

Mus par une volonté énergique, nous allions de l'avant sans nous inquiéter des esprits timides. Nous étions certains qu'en agissant de la sorte, nous obtiendrions vite l'appui sérieux du Gouvernement, du Conseil municipal de Paris et de cette pléiade nombreuse d'hommes intelligents et bons patriotes, qui veulent le relèvement de la France par le travail ; de ceux qui sont prêts à tous les sacrifices, lorsqu'il s'agit d'instruire l'enfance, de lui donner des armes puissantes pour la lutte de la vie ; de faire, enfin, la patrie grande et puissante par la supériorité intellectuelle et morale de ses citoyens. (*Applaudissements.*)

Nos efforts devaient être couronnés d'un plein succès.

Le 12 juillet 1883, le Gouvernement de la République, convaincu que nous avions déjà rendu, et que nous étions à même de rendre encore de réels services, nous donnait la vie légale, nous assurait la possibilité de nous développer, en reconnaissant, par décret présidentiel, l'École d'horlogerie de Paris établissement d'utilité publique.

L'œuvre syndicale que nous avions si péniblement créée avait l'avenir assuré. Il ne s'agissait plus que de compléter cette œuvre en l'améliorant.

Le Conseil d'administration de cette École, composé d'hommes appartenant exclusivement à l'industrie et au commerce de l'horlogerie, avait toute facilité pour agir. L'œuvre fondée par l'initiative privée n'était pas entravée par une réglementation administrative gênante et tracassière ; l'expérience et le savoir de ses fondateurs pouvaient, en entier, être largement et vigoureusement utilisés. Aussi l'École d'horlogerie de Paris, libre de toute entrave, devint-elle promptement une institution de premier ordre.

Depuis sa fondation, cette École technique a donné l'enseignement manuel et théorique à 119 élèves qui se décomposent ainsi :

73 élèves de Paris, 41 élèves de province, 5 élèves de l'étranger.

Sur ce nombre, 28 boursiers ont été instruits gratuitement. Nous serions heureux de prendre à notre charge un plus grand nombre d'élèves non payants, mais nos dépenses sont lourdes, nos subventions modestes; nous devons compter avec des dépenses extraordinaires.

Comme le constatent les chiffres mentionnés plus haut, le nombre des étrangers admis comme élèves à l'École d'horlogerie de Paris est minime. Il était sage, cependant, de laisser la porte de notre établissement ouverte à nos voisins; en cela, le conseil a suivi l'exemple de l'État, qui reçoit des étrangers dans les Écoles supérieures commerciales, industrielles et militaires du gouvernement. Nous avons agi avec d'autant plus de bon sens, en faisant de la sorte, que nous ne pouvons oublier, un bon nombre de mes collègues et moi, que c'est à l'étranger, dans les écoles et dans les fabriques suisses ou anglaises, que nous avons complété notre instruction et notre éducation professionnelle.

Sur le nombre des élèves admis dans nos ateliers, 11 n'ont pu continuer leur apprentissage pour des motifs divers; 32 sont sortis ouvriers et ont été placés, par les soins de l'École d'horlogerie de Paris, dans les meilleures maisons de Paris et de la province.

Hervieux, après avoir travaillé à Londres pendant une année, est revenu en France et dirige actuellement, à Paris, la maison d'horlogerie que son père lui a laissée en mourant; Lemaire travaille chez Paul Garnier; Person est ouvrier chez moi; Anne et Lecomte sont employés chez MM. Diette et Hour, fabricants importants du Marais; MM. Vissière et Leroy, deux hommes d'un grand talent, nous ont dit dans une assemblée générale, en termes élogieux, ce qu'ils pensaient des élèves que l'École d'horlogerie de Paris leur avait envoyés comme ouvriers chronométriers. Galibert, construit des chronomètres de marine chez M. Callier; Saudin, Godet, Pont, Bulher, Sabouret, Revel, occupent de bonnes situations à Paris; Chaudet est ouvrier à Fismes; Bitton, à Mantes; Potier, à Auray; Grand, à Gama; Thomas, à Cantal, etc., etc. (*Applaudissements.*) Enfin, nous allons récompenser des élèves d'une habileté de main incontestable, dont l'apprentissage n'est pas encore terminé.

L'examen des produits que nous avons exposés dans ce palais prouvera surabondamment à chacun la valeur de nos méthodes d'enseignement. Je ne crains point de le dire, Messieurs, dans ce milieu d'horlogers, beaucoup des travaux de nos élèves sont parfaits, si parfaits qu'il ne fait pas l'ombre d'un doute qu'ils nous permettront de lutter avec avantage en 1889 contre l'étranger. (*Applaudissements prolongés.*)

Ces résultats, constatés dans un rapport fait par un Suisse, Président du jury de l'Horlogerie à l'Exposition universelle d'Anvers en 1885 ; ces résultats, qui nous ont valu dans ce concours international un diplôme d'honneur, sont entièrement dus aux méthodes rationnelles d'enseignement adoptées par le Conseil d'administration.

Dans l'enseignement primaire et secondaire, les programmes sont discutés, et, après avoir été admis, ils sont suivis scrupuleusement. Dans l'enseignement technique et professionnel, tout est fait sans méthode, tout est laissé au hasard.

Pourquoi ne pas procéder de la même façon dans les deux cas ?

Avant de faire écrire un enfant, ne lui apprend-on pas, en premier lieu, à bien tenir sa plume ; à donner aux traits qu'il trace une bonne direction ; à former ses lettres en débutant par les plus simples et les plus faciles ? Ne fait-on pas des bâtons avant de faire des *o?* Pourquoi ne pas conduire l'enseignement manuel de la même façon ? (*Applau-*

dissements.) L'élève horloger, avant de passer un long temps dans l'exécution d'un travail difficile, doit au préalable savoir limer, tourner, tremper, polir et planer : limer correctement, avec sûreté au gros étau, à l'étau à main, sur un bouchon, entre ses doigts ; tourner rond, avec fidélité, le cuivre, l'acier, l'acier trempé. Ce qui n'est pas facile, surtout si l'on tient compte que les exercices de tour doivent alternativement porter sur le tour à l'archet et sur le tour au pied.

L'élève ainsi préparé, si l'on a été rigide dans les méthodes d'exécution, si rien n'a été pardonné, si l'on a constamment exigé de lui un travail parfait, une précision absolue, soyez certains, Messieurs, que les travaux qu'il exécutera dans ses deuxième et troisième années seront bons, et qu'après avoir fait de cet enfant, s'il est bien doué, un ouvrier habile, il deviendra par la suite un artiste hors ligne.

Le dessin demande un enseignement très pratique. La théorie pure doit être évitée ; il faut profiter de toutes les circonstances que le travail manuel offre au professeur pour en faire des applications dans l'étude du dessin. Les épures de descriptive seront ainsi obtenues sans efforts excessifs. (*Marques d'approbation.*)

En présence de ces résultats, le nombre des élèves de l'École d'horlogerie de Paris s'est rapidement accru. Par suite de cet accroissement, il nous était impossible de rester plus longtemps où nous sommes.

La construction d'une vaste École pouvant recevoir cent élèves était devenue obligatoire. Elle fut décidée.

Il est urgent, en effet, que nous soyons, à bref délai, dans les conditions les plus larges et surtout les plus parfaites d'installation.

Dans notre nouveau local, qui comportera un développement de 1150 mètres superficiels, il nous sera possible d'organiser définitivement notre œuvre.

Les ateliers, les salles de cours, les dortoirs seront en nombre suffisant, bien aérés et disposés suivant nos besoins professionnels. La surveillance, dans ces conditions, sera facile. Les internes qui, actuellement, dans un local trop exigu, nous glissent entre les mains, se heurteront à des murs infranchissables, désagréables pour eux peut-être, mais très bons pour la tranquillité des familles. (*Très bien ! très bien !*) Tous les services, les réfectoires, l'administration générale, la bibliothèque, seront également organisés pour un personnel nombreux.

Dans le but d'édifier cette nouvelle École, l'assemblée générale des membres de la Société de l'École d'horlogerie de Paris a décidé de procéder à l'émission d'un emprunt de 300,000 francs, en 600 obligations de 500 francs chacune; les obligataires, c'est-à-dire les bailleurs de fonds, les prêteurs, acceptant que ce prêt soit remboursé à partir de 1890 en 30 années.

L'emprunt voté, immédiatement, sans propagande spéciale, 100,000 francs furent souscrits. Chacun voulait profiter de cette circonstance pour nous prêter un concours sérieux et sympathique.

Pouvait-il en être autrément? — Non! Personne n'eût osé, sans motif, faire échec à nos plans. En présence des sacrifices nombreux et du dévouement sincère des fondateurs de l'École d'horlogerie de Paris, un insensé, ou un malhonnête homme, seul, eût osé entraver l'éclosion complète de nos projets. (*Applaudissements plusieurs fois répétés.*)

C'est que l'œuvre philanthropique et impersonnelle que nous avions créée dans un but d'intérêt général est chère aux groupes corporatifs. Sa réalisation complète, on ne peut en douter, sera non seulement un titre de gloire pour la Chambre syndicale de l'horlogerie de Paris, mais encore pour les groupes syndicaux professionnels dont nous faisons partie. (*Bravos.*)

Je crois inutile de vous faire remarquer, Messieurs, que le remboursement des obligations n'offrira aucune difficulté. L'admission de cent élèves donnera des recettes supérieures aux dépenses. Le supplément du loyer, actuellement de 7,000 francs, sera largement compensé par l'augmentation de 13,000 francs sur les écolages et par une diminution des dépenses, conséquence d'une organisation plus complète de l'internat.

Enfin, le loyer sera annuellement diminué, non seulement par l'amortissement des obligations, mais encore par l'abandon de certaines d'entre elles au profit de l'œuvre.

Au début de cette allocution, je disais que l'industrie horlogère est profondément troublée par les nouvelles méthodes, plus nombreuses et plus perfectionnées chaque jour, de produire mécaniquement.

Ces modifications, qui transforment l'atelier, la manufacture en usine, se sont accomplies pendant le cours des dix dernières années.

Je suis très partisan de cet outillage automatique qui, de nos jours, remplace de plus en plus la main de l'homme ; mais je voudrais qu'il servît surtout à produire mieux, à un prix moins élevé.

Il n'en est pas toujours ainsi. Les mercantiles, les vendeurs sans conscience, et sans savoir professionnel, ont inondé le marché de produits immondes, qui déconsidèrent notre industrie en trompant l'acheteur.

Il faudrait que le public pût être mis en garde contre l'incapacité de ceux qui ne connaissent pas le premier mot de notre art, si complexe et si difficile. Malheureusement, le public ne possède pas les connaissances spéciales pour juger la valeur et la qualité des objets qu'il désire acquérir ; il ne peut se rendre un compte exact de la valeur professionnelle de celui auquel il accorde sa confiance.

La production mécanique bien comprise est appelée à rendre d'immenses services au commerce, à l'industrie, à l'humanité. Elle permettra à chacun l'achat d'une montre ; elle démocratisera l'heure, en la mettant dans toutes les poches. L'heure, ne l'oublions pas, Messieurs, c'est dans la vie l'ordre, la régularité, la santé et, par suite, souvent la richesse. (*Applaudissements.*)

On peut organiser, à Paris, une fabrication de bonnes montres par procédés mécaniques. J'en suis absolument convaincu.

Mon appréciation en cette matière a certainement sa valeur, attendu que moi-même j'ai été ouvrier pendant huit années en Suisse et en Angleterre. J'ai vécu d'un travail manuel dans ces milieux de fabriques, et j'affirme que le jour où surgira un homme intelligent, ayant les qualités commerciales et industrielles requises, jouissant d'une grande notoriété et ayant à sa disposition les capitaux nécessaires, l'usine parisienne sera faite, et la montre de Paris reprendra le premier rang qu'elle occupait autrefois parmi les produits similaires.

Ceci est tellement vrai que des Américains ont eu, il y a quelques mois, la pensée de fonder une fabrique d'horlogerie à Paris. Si cette pensée américaine n'a pas été mise en pratique, c'est que nos confrères ont absolument refusé leur concours à la propagation de cette fondation.

Consulté moi-même à cet égard, j'ai déclaré, avec plusieurs de mes collègues de la Chambre syndicale, que nous combattrions à outrance l'horlogerie américaine ; que nous mettrions en garde le public contre l'écoulement de produits généralement de mauvais goût, et, toujours à prix égaux, inférieurs de qualité aux produits européens. (*Bravos.*)

En résumé, notre plus vif désir est de faire revivre à Paris la fabrication de la montre, de donner à cette production un caractère essentiellement français, je dirai plus, absolument artistique et parisien. Voilà la deuxième partie du programme que les fondateurs de l'École ont la conviction absolue de faire aboutir. (*Applaudissements.*)

Vous le voyez, il est indispensable de faire un dernier effort.

Aidez-nous donc à placer les quelques obligations de notre emprunt qui sont encore disponibles. En agissant ainsi, vous ferez acte de bon patriote et de sincère philanthrope. Faites-le, et, dans deux années, nous aurons le bonheur de vous convier, Messieurs, et vous aussi, Mesdames, dont le concours dévoué nous est si précieux, à l'inauguration solennelle de ce nouveau centre d'enseignement technique, le premier créé en France, grâce au dévouement et à l'abnégation d'un syndicat professionnel. (*Applaudissements.*)

Je ne veux pas retarder, Messieurs, plus longtemps, l'heureux moment où les travaux, les progrès de nos jeunes élèves vont recevoir une juste et publique récompense.

Je termine donc, en faisant un chaleureux appel à toutes les bonnes volontés, en vous priant, Mesdames, Messieurs, de vous joindre à moi pour remercier de leur généreux et sympathique concours, MM. les Ministres du commerce et de l'instruction publique, MM. les membres du

Conseil municipal de Paris, représenté à cette cérémonie par M. de Bouteiller, les présidents des groupes syndicaux et les membres du Comité de patronage de l'École d'horlogerie de Paris.

Et maintenant, M. de Hérédia, à nous deux.

Tout d'abord, je vous remercie, du fond du cœur, d'avoir bien voulu remplacer au fauteuil de la présidence M. Lockroy, contraint de se rendre à Lyon. Toutefois, cela ne m'empêchera pas de vous dire ce que je pense de vous. Si ma franchise vous blesse, il va de soi que je vous reconnais parfaitement le droit de me répondre, vous déclarant à l'avance que je ne m'en fâcherai pas.

Dès les débuts de l'École, sachant qu'il s'agissait d'organiser l'enseignement technique et professionnel, vous vous êtes empressé de prendre place dans nos rangs; vous vous êtes presque fait artiste horloger: cela n'est pas un mince honneur. Profitant de cette circonstance, en tout lieu, partout, avec une constance rare chez les hommes politiques, vous avez aidé de votre travail, de votre éloquence, de votre argent, de votre puissante protection, au développement de notre œuvre.

En vous conduisant ainsi, vous avez fini par devenir, ne vous en défendez pas, l'un des membres les plus zélés de la grande famille du Syndicat de l'Horlogerie.

Il faut bien qu'on le sache, vous êtes, Monsieur le député, non seulement un homme de valeur, de dévouement, d'abnégation, mais vous consacrez aussi, permettez-moi de vous le dire, avec une abondance excessive, votre vie et vos forces à tout ce qui peut faire la France grande, puissante, honorée, heureuse. (*Applaudissements prolongés.*)

Au-dessus de tout cela, vous avez des qualités spéciales que j'apprécie au plus haut point. Vous êtes foncièrement honnête, pratique dans vos idées, inébranlable dans vos résolutions. J'aime cette puissance de volonté qui fait l'homme véritablement supérieur, et voilà pourquoi j'ai pour vous une affection profonde. (*Applaudissements.*)

Voilà pourquoi, aux dernières élections, plus de 100,000 citoyens vous ont donné leurs voix.

Suivant l'usage, permettez-moi enfin, Monsieur le Président, de vous offrir, au nom de l'École d'horlogerie de Paris, un souvenir de cette fête du travail, un régulateur construit par nos élèves.

Cet instrument vous rappellera, non seulement nos efforts, nos peines, nos joies, nos débuts, nos luttes, notre réussite ; mais encore il vous dira que vous avez et que vous aurez toujours dans le Syndicat de l'Horlogerie de nombreux amis, dont le désir le plus vif est que ce régulateur vous indique de longues heures de bonheur et de félicité. (*Vifs applaudissements.*)

Et maintenant, Mesdames et Messieurs, à l'année prochaine d'abord ; à 1888 ensuite, pour l'inauguration de l'École de la rue Manin, et enfin à 1889, pour nos succès à l'Exposition. (*Applaudissements prolongés.*)

M. RODANET. — L'influence de mon premier discours semble déjà se faire sentir. J'en ai pour preuve la lettre suivante dont je m'empresse de vous donner lecture. Je tairai seulement le nom du signataire. Voici cette lettre :

A M. Rodanet, Président de la Chambre syndicale de l'Horlogerie et de l'École d'Horlogerie de Paris.

Monsieur le Président,

Par les résultats déjà obtenus, l'École d'horlogerie de Paris est appelée à rendre les plus grands services à notre corporation, en formant de bons apprentis et des ouvriers habiles.

Désireux de contribuer au succès de votre œuvre, permettez moi, Monsieur le Président, de faire abandon au profit de l'École, des deux obligations (mille francs) que j'ai souscrites récemment.

Agréez, Monsieur le Président, mes civilités très empressées.

(*Applaudissements.*)

On me remet également les nouvelles souscriptions que voici, à l'emprunt de la Société de l'École d'horlogerie de Paris :

M. Vée, ancien président du Comité central des Chambres syndicales, deux obligations ;

MM. Gayda, chef des travaux techniques à l'École municipale Diderot, Bouscatier et Thièble frères, horlogers à Paris ; Caffort, horloger à Saïgon ; Boutier, horloger à Montreuil-sur-Mer ; Plumey, horloger à Delle ; Armelin, horloger à Angoulême ; Nuer Florentin, horloger à Modane, chacun une obligation.

M. Detouche m'a fait parvenir pour M. Pierre, adjudant à l'École d'horlogerie de Paris, une montre en or.

Je suis heureux de remettre publiquement à un bon serviteur cette récompense si justement méritée par le zèle et le dévouement qu'il prodigue à notre œuvre. (*Applaudissements.*)

Le Conseil d'administration de l'École d'horlogerie de Paris accorde les bourses d'étude, pour les années 1886-1887, aux élèves dont les noms suivent :

Élèves boursiers : MM. Leroux, Julliot, Lecomte, Boulois.

Élèves demi-boursiers : MM. Cognard, Grelaud, Patry.

Demi-bourses offertes par M. Dubey et la Société de protection des apprentis et des enfants employés dans les manufactures : MM. Couet et Roux.

Tiers de bourse offert par la Chambre syndicale des négociants en diamants, pierres précieuses et lapidaires, à l'élève Bootz.

Je prie la Société chorale « l'Abeille », du IIe arrondissement, de bien vouloir recevoir une médaille de vermeil, pour le concours précieux que cette Société va nous donner. (*Applaudissements.*)

J'offre, dans les mêmes conditions, une médaille de bronze à M. le chef de musique du 130e de ligne.

Je termine enfin, Messieurs, par une communication moins agréable peut-être, mais fort utile certainement: La rentrée des élèves à l'École d'horlogerie de Paris aura lieu le lundi, 2 août, à 9 heures du matin. (*Rires et applaudissements.*)

GRAND AMPHITHÉATRE DE LA SORBONNE

ASSOCIATION PHILOTECHNIQUE

DE PARIS

SÉANCE SOLENNELLE

14 NOVEMBRE 1886

Discours de M. A.-H. RODANET

TRÉSORIER DE L'ASSOCIATION PHILOTECHNIQUE DE PARIS

GRAND AMPHITHÉATRE DE LA SORBONNE

ASSOCIATION PHILOTECHNIQUE DE PARIS

SÉANCE SOLENNELLE
14 NOVEMBRE 1886

Discours de M. A.-H. RODANET

TRÉSORIER DE L'ASSOCIATION PHILOTECHNIQUE DE PARIS

Mesdames, Messieurs,

Mon cher Président, j'aurais bien envie de ne pas profiter de votre aimable autorisation. La prudence me conseille de garder le silence. Ne venez-vous pas de traiter avec esprit et éloquence toutes les questions qui intéressent notre grande et vaillante association. Je serais tenté d'imiter votre exemple, c'est-à-dire de passer le parole à mon vice-président (*Rires.*) ou plutôt à mon vice-trésorier. Mais craignant d'être obligé de prononcer ensuite deux discours, comme vient de le faire notre honorable président, j'aime mieux m'arrêter au parti le plus sage, qui est de vous dire quelques mots, qui ont toutes les chances d'être accueillis favorablement, par l'excellente raison que je serai très bref.

L'Association philotechnique de Paris fait actuellement de grands efforts, dans le but d'organiser des sections nouvelles destinées à l'enseignement professionnel. Ces efforts sont dignes du plus vif intérêt. Personnellement, je suis très heureux de voir mes collègues entrer dans cette voie nouvelle d'un enseignement spécial demandé par tous.

Ce langage ne peut vous surprendre, Messieurs, car vous n'ignorez pas que, depuis plus de dix années, j'ai fait des sacrifices de toutes sortes, des efforts de toute nature, en vue de créer à Paris une École technique d'horlogerie. Notre président, mon ami de Hérédia, peut vous dire avec quelle ardeur et quelle opiniâtreté j'ai conduit la fondation de ce nouveau centre d'enseignement manuel et professionnel. (*Bravos.*)

A ce propos, puisque M. Darlot est présent, permettez-moi de faire remarquer à M. le président du Conseil général du département de la Seine que j'attends toujours la visite qu'il m'a promis de faire à l'École d'horlogerie de Paris. (*Rires.*)

J'applaudis donc, et des deux mains, à la pensée de fonder dans notre chère Association des sections d'enseignement professionnel. J'applaudis avec d'autant plus de conviction, que je suis certain qu'il est facile de trouver dans ce milieu intelligent et dévoué, tous les éléments pour arriver au succès le plus complet. Non seulement les professeurs prêteront à cet enseignement une science et une méthode indispensables, mais en faisant appel à nos patrons et à nos adhérents, nous trouverons, j'en suis certain, des praticiens dont le concours nous sera des plus précieux. (*Bravos.*)

Mais... il y a toujours un mais... (*On rit.*), dans l'Association philotechnique, comme dans toutes les Associations, il faut compter avec notre trésorerie, dont les recettes sont stationnaires. Il n'en est malheureusement pas de même des dépenses qui augmentent sans cesse.

Il est donc absolument urgent d'aviser.

M. Jacques, président de la commission du budget de la ville de Paris, vient de nous dire, il y a quelques instants, que nous aurions, en 1887, notre subvention annuelle de 15,000 francs. J'en suis fort aise. Ma joie serait plus grande encore si M. le président du Conseil général voulait bien, lui aussi, me promettre une subvention quelconque. (*On rit.*)

Notre président, M. de Hérédia, pourrait faire beaucoup également : il ne faut pas oublier qu'il est rapporteur du budget pour le ministère du commerce et de l'industrie.

Toutes ces ressources nouvelles ne sont malheureusement encore qu'à l'état embryonnaire. (*Rires.*) Soyons pratiques ;

cotisons-nous. Nous sommes ici environ 800 personnes ; que chacun de nous dépose cinq francs sur l'autel de la Patrie... (*On rit.*), je veux dire dans la caisse du trésorier, et le trésorier répond, pour l'année prochaine au moins, de la bonne installation des sections du livre et des assurances. (*Nouveaux rires ; applaudissements.*)

En résumé, il faut faire de la propagande pour notre Association. Il ne faut plus rester sur ce nombre de 83 à 86 patrons. Il est urgent d'en trouver des nouveaux. Il faut également augmenter considérablement le nombre de nos adhérents.

Le cœur ne manque pas en France ; dites donc à tous, Messieurs, ce que nous sommes, ce que nous voulons, et vous verrez bientôt abonder dans notre caisse de grosses sommes d'argent. (*Bravos.*)

Il serait peut-être bon également de demander à nos élèves, non pas un payement, mais un droit d'inscription. On pourrait enfin, dans les sections, créer par des apports collectifs un certain nombre de patrons qui seraient inscrits sous le nom commun de la section. (*Bravos.*)

Je vous ai promis d'être bref. Je m'arrête donc. Je vous rappelle, cependant, que ce soir nous avons un banquet ; que ce banquet sera splendide, et que vous êtes amicalement contraints, au nom de notre œuvre, d'y assister tous. (*Rires.*) D'autant plus que cette fête sera suivie d'un bal dont vous ferez, Mesdames, le plus bel ornement. (*Rires nouveaux.*)

Vous riez. Eh bien, ce soir vous constaterez que je n'exagère pas, et vous vous joindrez à moi pour féliciter notre adhérent, le propriétaire de la maison Ory, de l'ordonnancement du banquet et du bal.

Nous profiterons enfin de cette circonstance pour nous connaître plus intimement et, par suite, pour nous estimer davantage. (*Applaudissements.*)

1885

EXPOSITION UNIVERSELLE

D'ANVERS

RAPPORT DU JURY INTERNATIONAL DES RÉCOMPENSES

GROUPE II. — CLASSE 21

HORLOGERIE

PAR

M. A.-H. RODANET

Membre de la Commission supérieure française
Rapporteur du Jury des Récompenses

JURY DE LA CLASSE 21

SUISSE. — M. PHILIPPE, fabricant d'horlogerie, à Genève, *Président.*

ALLEMAGNE. — M. POLLACK, fabricant d'horlogerie, à Aix-la-Chapelle, *Vice-Président.*

— M. GOETZ, directeur de l'École des arts et métiers, à Carlsruhe, *Secrétaire.*

FRANCE. — M. RODANET (A.-H.), Chevalier de la Légion d'honneur, constructeur de de chronomètres de l'État, Président de la Chambre syndicale de l'horlogerie et directeur de l'École d'horlogerie de Paris, membre de la Commission française à l'Exposition d'Anvers, *Membre rapporteur.*

1885

EXPOSITION UNIVERSELLE

D'ANVERS

RAPPORT DU JURY INTERNATIONAL DES RÉCOMPENSES

M. A.-H. RODANET

MEMBRE DE LA COMMISSION SUPÉRIEURE FRANÇAISE

RAPPORTEUR DU JURY DES RÉCOMPENSES

L'horlogerie est un art des plus intéressants, non seulement par lui-même, mais encore par l'ensemble des industries si diverses qui s'y rattachent.

Cet art touche à la science par bien des points. Il demande de la part des praticiens véritablement méritants, une grande habileté de main, des connaissances variées et nombreuses ; enfin, un enseignement long et coûteux pour les jeunes gens qui s'y destinent.

De tout temps, l'art de l'horlogerie a été l'objet de recherches considérables et d'études profondes de la part des savants.

L'horlogerie était représentée, à Anvers, par 102 expo-

11

sants appartenant à diverses nationalités. Ce nombre se décompose comme suit :

Suisse	37	exposants.
France	23	—
Allemagne	22	—
Belgique	14	—
Néerlandais	2	—
Luxembourg	1	—
Norvège	1	—
Italie	1	—
Russie	1	—

Des abstentions fort nombreuses ont été constatées par le jury.

La pendulerie française, dont l'éloge n'est plus à faire, était à peine représentée à Anvers. Les importantes manufactures de Besançon, du Jura et de la Haute-Savoie avaient un nombre fort restreint d'exposants.

Les Anglais, les Américains, les Danois, les Autrichiens, tous ces peuples chez lesquels l'horlogerie astronomique et civile se fabrique en grande quantité, ne figuraient pas dans ce tournoi industriel.

La Suisse comptait de nombreux exposants neufchâtellois; mais Genève, si renommée par la qualité de son horlogerie, n'avait à Anvers qu'un seul fabricant.

A quelle cause faut-il attribuer ces abstentions ; abstentions d'autant plus surprenantes, que la crise que nous traversons devrait obliger chacun à chercher de nouveaux débouchés, la production n'étant plus en rapport avec la consommation.

Cette indifférence à prendre part aux expositions se généralise de plus en plus. A mon avis, elle tient à deux causes :

En premier lieu, les expositions sont trop nombreuses et trop fréquentes ;

En second lieu, il faut avoir une bonne fois le courage de le constater, les récompenses sont distribuées sans contrôle, et surtout en trop grand nombre, dans les exhibitions plus ou moins commerciales, organisées dans un but de lucre et de réclame.

Dans ces conditions, les diplômes d'honneur, et les diplômes de médailles, sont accordés avec d'autant plus d'abondance, qu'ils n'occasionnent aucun frais et qu'ils sont un puissant moyen de propagande pour la réussite pécuniaire de l'exploitation.

Ce système est déplorable. Il déprécie, dans l'esprit public, les distinctions justement méritées.

Il faut remédier à cet état de choses.

Si l'on veut conserver aux récompenses industrielles le prestige auquel elles ont droit, il est urgent que les gouvernements réglementent sérieusement tout ce qui est relatif aux expositions, et que, très sérieusement aussi, ils fassent observer ce qui aura été décidé à cet égard.

Les expositions demandent, de la part de ceux qui y

prennent part, des sacrifices énormes. Il faut, le plus souvent, pour faire bonne figure, non seulement exécuter des produits d'un prix fort élevé, dont la vente n'est rien moins qu'assurée, mais encore, il faut compter sur des frais de toutes sortes qui sont considérables.

Si ces dépenses avaient pour résultat de créer de nouvelles relations à l'extérieur, des relations profitables, le commerce et l'industrie les supporteraient facilement ; mais, le plus souvent, les sources nouvelles d'affaires, qui en sont la conséquence, ne sont nullement en rapport avec la somme des sacrifices dont elles ont été l'objet.

Depuis 1876, l'horlogerie a subi une transformation considérable. L'habileté de main disparaît peu à peu. Le travail manuel est, de plus en plus, remplacé par la machine, qui taille, découpe et emboutit, à un prix très réduit, des pièces toujours identiques.

Les ateliers se transforment en usines, et pour peu que les progrès mécaniques continuent, nous n'aurons bientôt plus que des manœuvres, des surveillants d'outils qui huileront et alimenteront une machine parfaite, qui produira sans interruption toutes les pièces nécessaires à la construction d'une montre.

Les procédés mécaniques ne sont pas nouveaux. Depuis plus de trente ans, ils sont utilisés par un nombre restreint de praticiens. Toutefois, il importe de faire remarquer que l'outillage perfectionné ne date réellement que d'une dizaine d'années. C'est pendant cette dernière période qu'on a obtenu des machines-outils une production plus précise et plus économique.

La réorganisation des méthodes de travail, en Europe, date donc, pour l'horlogerie, de 1876.

A cette époque, M. Favre Perret, juré suisse à l'Exposition de Philadelphie, effrayé, pour l'avenir d'une grande partie de l'industrie de son pays, des progrès considérables qu'il avait constatés dans les manufactures d'horlogerie américaines, poussa le premier, à son retour en Europe, un cri d'alarme qui fut entendu de tous. Ce cri d'alarme, bien qu'excessif, permit aux Yankees de faire une de ces bruyantes réclames dont ils sont si coutumiers, mais en exagérant ainsi le danger pour stimuler énergiquement l'ardeur de ses compatriotes, M. Favre Perret provoqua des efforts sérieux de la part des producteurs et des inventeurs, non seulement en Suisse, mais encore chez tous les peuples qui s'occupent de la construction des machines à mesurer le temps.

La fabrication par procédés mécaniques a réduit considérablement le prix de revient. Elle a permis, à chacun, l'achat d'une pièce d'horlogerie, ce qui était autrefois l'apanage des privilégiés de la fortune. Cette fabrication à bon marché a vulgarisé l'heure, en la donnant à tous et partout. C'est également à l'outillage automatique que l'on doit de pouvoir faire une concurrence sérieuse aux Américains, sur leurs propres marchés, en dépit de leurs tarifs douaniers prohibitifs.

A ces divers titres, la fabrication par procédés mécaniques a rendu de réels services, que le Jury international a largement récompensés.

Les encouragements, d'un ordre supérieur, ont été accordés en tenant compte de l'importance manufacturière et commerciale de l'usine, des innovations et des inventions nouvelles dues à l'exposant; enfin, du prix de revient de la production, eu égard à sa qualité.

Pour procéder à leur examen, le Jury a classé comme suit les produits exposés :

1° Écoles techniques d'horlogerie ;

2° Horlogerie de précision, comprenant : chronométrie de marine et de poche; horlogerie astronomique ; montres réglées chronométriquement ; pièces compliquées ;

3° Horlogerie civile, comprenant : horlogerie par procédés mécaniques; montres de toutes sortes; pendulerie dite de cheminée et portative ; horloges publiques ;

4° Fournitures d'horlogerie: pièces détachées.

Il fut décidé, en outre, que toutes les catégories de produits pouvaient prétendre aux premières récompenses.

En procédant ainsi, le Jury de la classe 21 inaugurait un système nouveau de classement, système d'autant plus rationnel, qu'il n'est réellement possible de connaître la valeur des divers produits, qu'en comparant entre eux ceux de même sorte et dont les mérites et les services sont de même nature.

Écoles techniques d'horlogerie.

Les Écoles d'enseignement technique étaient représentées à l'Exposition internationale d'Anvers par trois Écoles françaises, qui se sont montrées avec un certain éclat, et par un embryon d'École italienne, dont l'organisation actuelle est insuffisante.

Les Écoles suisses, dont quelques-unes sont remarquables, avaient cru devoir s'abstenir de figurer dans ce concours. Nous le regrettons vivement.

Le Jury, en attribuant à chacune des Écoles d'horlogerie françaises un diplôme d'honneur, a motivé ces récompenses de la façon suivante :

École d'horlogerie de Paris.

Établissement reconnu d'utilité publique par décret présidentiel en date du 12 juillet 1883.

L'École d'horlogerie de Paris a été fondée par l'initiative privée ; son directeur, qui est l'un des principaux fondateurs, fait des efforts considérables pour populariser et développer l'enseignement technique. Les méthodes d'enseignement sont absolument rationnelles, elles forment des élèves dont les travaux sont remarquablement exécutés.

École nationale d'horlogerie de Cluses.

Cette fort ancienne École appartient à l'État. Elle est dirigée par M. Benoît, artiste d'un grand talent et d'une grande expérience.

École municipale d'horlogerie de Besançon.

Cette École produit des ouvriers en rapport avec les besoins de ce centre de fabrication.

Je n'ajoute rien aux motifs qui ont décidé le Jury à accorder aux Écoles françaises d'horlogerie la plus haute récompense; ma nationalité et ma situation personnelle dans la création et la direction de l'École d'horlogerie de Paris m'obligent à une réserve absolue.

Section suisse.

L'Exposition des fabricants suisses, très brillante à Anvers, eût été complète si Genève, la ville du travail de premier ordre, avait cru devoir répondre à l'invitation belge.

Sur trente-trois exposants appartenant à la République helvétique, plus de douze ont présenté des montres fabriquées par procédés mécaniques.

Le Jury a constaté que de grands progrès avaient été réalisés depuis l'Exposition universelle de 1878, tant au point de vue des prix de revient que de la qualité des produits.

Le Jury a pu également se convaincre, en assemblant sans difficulté les divers organes d'une montre pris indifféremment dans une masse considérable de pièces détachées, que le problème de l'interchangeabilité était bien près d'être résolu.

Les craintes manifestées en 1876 par M. Favre Perret n'ont plus de raison d'être. Les Suisses n'ont plus rien à redouter des Américains, par l'excellente raison que la Suisse produit actuellement meilleur et à plus bas prix que l'Amérique. Meilleur pour la montre de précision, à plus bas prix pour la montre faite par procédés mécaniques.

Je me plais, toutefois, à reconnaître que les Américains ont bien mérité de leur patrie en créant de toutes pièces aux États-Unis des manufactures d'horlogerie. Il n'était pas facile de fonder dans un pays aussi lointain une industrie nouvelle, difficultueuse et complexe comme l'horlogerie. Pourquoi ont-ils amoindri leur mérite, affaibli leur gloire nationale, en affirmant qu'ils étaient les seuls inventeurs des outils-machines? Ces outils-machines, nous le reconnaissons, ont été parfois améliorés par eux; mais bien avant que les Américains pensassent à faire de l'horlogerie, ils étaient en usage chez divers peuples européens.

Genève, je le regrette, n'a pas exposé.

Un seul fabricant de ce canton a cru devoir répondre à l'invitation du gouvernement belge.

Les produits que ce fabricant a soumis à l'appréciation du Jury sont forts beaux. Les bulletins de l'Observatoire de Genève qu'il a présentés sont excellents, mais il s'agit d'un fait isolé. Si Genève avait réellement exposé, il y aurait eu, pour un rapporteur, bien des faits à signaler, bien des efforts et des progrès à enregistrer.

Il eut été possible de faire un rapprochement fort curieux entre l'horlogerie genevoise et l'horlogerie neuchâtelloise, entre la chronométrie de poche et la montre civile fabriquée par procédés mécaniques.

L'Exposition universelle de 1889 fournira, nous l'espérons, l'occasion de faire ce travail, et de le faire complet. Cette grande manifestation industrielle et commerciale, à laquelle certainement tous les centres de fabrication horlogers prendront part, permettra de faire ressortir l'absolue nécessité d'employer très largement, mais avec beaucoup de discernement, les méthodes modernes de fabrication.

Il a été décerné par le Jury aux exposants qui fabriquent la montre par procédés mécaniques :

Un diplôme d'honneur à MM. Ernest Francillon et Ce, de Saint-Imier, pour la vulgarisation de la montre à bon marché, faite mécaniquement, dans les meilleures conditions, et pour les services particuliers que M. Ernest Francillon a rendus personnellement à l'industrie ;

Deux médailles d'or ;

Trois médailles d'argent ;

Quelques médailles de bronze et des mentions honorables.

La fabrication de l'horlogerie compliquée et de l'horlogerie de haute précision, considérable en Suisse, a fait également dans ces dernières années de grands progrès.

Le réglage des chronomètres de poche est obtenu, de nos jours, avec sûreté et méthode. Les résultats des concours de réglage de l'observatoire de Genève prouvent, absolument, que les régleurs ont maintenant le savoir et l'expérience qui leur manquaient autrefois. Ces artistes habiles ont une science profonde du spiral et du balancier, c'est-à-dire du réglage des montres de poche aux températures, à l'isochronisme et dans les diverses positions

Le jury a décerné :

Deux diplômes d'honneur ;

Deux médailles d'or ;

Six médailles d'argent ;

Un grand nombre de médailles de bronze et des mentions honorables.

Section française.

Le Jury a examiné, dans la section française, quelques chronomètres de marine ; un petit nombre de pendules de voyage et de cheminées ; une fabrication bien comprise de pendules copiées sur les modèles anciens ; l'usine Carpano de Cluses, qui produit en grande quantité les pièces détachées ; la manufacture d'horlogerie de Morteau, et quelques belles ciselures pour horlogerie.

Cet ensemble est absolument insuffisant.

Il eût fallu que la pendulerie parisienne, renommée par son fini et son bon goût, figurât à l'Exposition universelle d'Anvers. Il eût été facile alors de démontrer, d'une façon péremptoire, que cette branche de l'industrie française occupe toujours le premier rang dans les productions de même nature des autres nations.

Il fallait aller à Anvers en nombre ou s'abstenir.

Malgré son exposition restreinte, et cela fait honneur à la supériorité des produits exposés, la France a obtenu dans la classe 21 :

Trois diplômes d'honneur pour ses Écoles d'horlogerie ;

Trois médailles d'or ;

Trois médailles d'argent ;

Quatre médailles de bronze et une mention honorable.

Section allemande.

L'exposition de la pendulerie allemande qui n'avait pas de rivale à Anvers, par suite de l'abstention complète, ou à peu près, de la pendulerie anglaise, américaine, viennoise et française, était fort intéressante.

Il n'est, du reste, que juste de constater les progrès importants accomplis depuis peu d'années dans cette branche de l'horlogerie en Allemagne.

La fabrication de la Forêt-Noire a subi des transformations considérables. Les productions ont été complètement modifiées.

A Lenzkirch, à Triberg dans la Forêt-Noire, à Fribourg en Silésie, des usines importantes ont été fondées. Ces usines emploient des machines-outils automatiques modernes.

On construit dans ces ateliers, non seulement des mouvements d'horlogerie à bon marché, complètement terminés, mais encore l'outillage nécessaire à la fabrication et les caisses ou cabinets en bois.

Cette réunion de travaux comprenant la mécanique, l'horlogerie, l'ébénisterie et la menuiserie, c'est-à-dire ce qui constitue en Allemagne l'ensemble de la pendulerie, a permis une réduction sensible dans les frais généraux et, par suite, une production économique.

En opérant ainsi, les Allemands ont créé une concurrence désastreuse pour les Viennois, et si leurs travaux étaient mieux finis, construits sur de meilleurs principes, plus légers de forme, les Allemands deviendraient inquiétants pour la fabrication française qui, cependant, fera bien de profiter de cet enseignement.

Ces considérations ont déterminé le Jury à accorder à l'horlogerie allemande des diplômes d'honneur à :

La Société anonyme pour la fabrication de l'horlogerie à Lenzkirch. Cette exposition comprend : des pendules vieux cuivre ; des régulateurs genre Vienne ; des imitations de pendules anglaises à fusée ; des mouvements à carillon et des pièces de modèles divers ;

Et à M. Gustave Becker de Fribourg, qui a soumis à l'appréciation du jury des mouvements d'horlogerie de calibres variés, des réveils-matin et un régulateur d'appartement sonnant les quarts.

Chacune de ces deux usines occupe 600 ouvriers environ et dispose de 50 chevaux de force motrice. La division du travail y est complète et la production est obtenue à l'aide de machines-outils :

En outre l'horlogerie allemande a reçu :

Deux médailles d'or ;

Cinq médailles d'argent ;

Cinq médailles de bronze et trois mentions honorables.

Section belge.

La Belgique ne fabrique pas d'horlogerie, les travaux exposés représentent donc bien plutôt des efforts personnels qu'une production véritablement industrielle.

Le Jury a remarqué une horloge dont le remontage automatique est obtenu par un courant d'air. Ce système est loin d'être nouveau. Des essais nombreux de même genre ont été faits depuis longtemps.

Des documents présentés au Jury, et de l'examen de l'horloge exposée, il résulte, que la simplicité du mécanisme inventé par M. Dardenne, de Marienbourg, est de nature à rendre serviable l'application de ce système de remontage.

Les chemins de fer de l'État belge, et quelques villes de Belgique, auraient employé ce genre d'horloge avec succès.

Le Jury a accordé pour cette invention une médaille d'argent.

Il a été également donné aux horlogers belges:

Trois médailles de bronze ;

Cinq mentions honorables.

Section hollandaise.

Ce pays, renommé autrefois pour l'habileté de ses artistes horlogers, était représenté à Anvers par deux exposants.

M. Andréas Hohwii, depuis un grand nombre d'années, construit des chronomètres pour la marine royale.

M. Hohwii avait exposé :

Un régulateur astronomique fort bien exécuté, et un chronomètre de marine pourvu d'une compensation auxiliaire.

Par l'application d'une deuxième lame bimétallique faisant fonction de compensation secondaire, M. Hohwii a réduit l'écart aux températures extrêmes de sa montre marine de $2^s,6$ à $0^s,57$. Le jury a décerné à cet exposant une médaille d'or.

M. Addicks, d'Amsterdam, a reçu une médaille d'argent. L'horloge monumentale sonnant les heures et les quarts qu'il a présentée au Jury était faite dans de bonnes conditions.

Sections diverses.

Le chronomètre de marine, très bien exécuté, exposé dans la section norwégienne, a valu à son auteur, M. Auguste Michelet, de Christiania, une médaille d'argent.

Un exposant russe, M. Holmstén, de Tammerfors (Finlande), a reçu une médaille de bronze.

Je termine mon rapport en résumant, dans le tableau suivant, le nombre des exposants et les récompenses obtenues par nationalité :

NATIONALITÉS.	NOMBRE d'exposants.	DIPLÔMES d'honneur.	MÉDAILLES d'or.	MÉDAILLES d'argent.	MÉDAILLES de bronze.	MENTIONS honorables.	TOTAUX.
France..................	23	3	3	3	4	1	14
Suisse..................	37	2	4	9	17	3	35
Allemagne.............	22	2	2	5	5	3	17
Belgique...............	14	»	»	1	3	5	9
Néerlandais............	2	»	1	1	»	»	
Norvège................	1	»	»	1	»	»	
Russie..................	1	»	»	»	1	»	
Luxembourg...........	1	»	»	»	»	»	»
Italie....................	1	»	»	»	»	»	»
	102	7	10	20	30	12	79

Le jury a terminé ses travaux en accordant diverses récompenses à des collaborateurs, dont les noms et les services lui avaient été signalés.

En résumé, dans son ensemble, l'exposition d'horlogerie, à Anvers, a démontré que l'art de l'horlogerie avait fait depuis l'Exposition universelle de Paris, en 1878, de sérieux progrès, tant au point de vue scientifique, qu'au point de vue commercial et manufacturier.

30, RUE MANIN (XIXe ARRONDISSEMENT)

POSE DE LA PREMIÈRE PIERRE

DE

L'ÉCOLE D'HORLOGERIE DE PARIS

PAR

M. Éd. LOCKROY, Député

MINISTRE DU COMMERCE ET DE L'INDUSTRIE

ASSISTÉ DE

M. le Capitaine MOINIER, représentant le Président de la République

SÉANCE PUBLIQUE DU DIMANCHE 24 AVRIL 1887

PRÉSIDÉE

Par M. A.-H. RODANET

PRÉSIDENT-DIRECTEUR DE L'ÉCOLE D'HORLOGERIE DE PARIS

Discours de M. A.-H. RODANET

30, RUE MANIN (XIXe Arrondissement)

POSE DE LA PREMIÈRE PIERRE

DE

L'ÉCOLE D'HORLOGERIE DE PARIS

Séance publique du Dimanche 24 avril 1887

DISCOURS DE M. A.-H. RODANET

PRÉSIDENT-DIRECTEUR DE L'ÉCOLE D'HORLOGERIE DE PARIS

Mesdames, Monsieur le Ministre, Messieurs,

Permettez-moi, tout d'abord, de remercier M. le Président de la République, d'avoir bien voulu se faire représenter à cette cérémonie. Je prie M. le capitaine Moinier, de transmettre au premier magistrat du pays, à M. Jules Grévy, l'expression de notre reconnaissance et de notre gratitude, pour l'intérêt qu'il montre à l'œuvre d'enseignement technique professionnel que nous avons créée, l'École d'horlogerie de Paris.

Je vous remercie également, Monsieur le Ministre du commerce et de l'industrie. Votre présence, parmi nous, à cette fête du travail, est non seulement un témoignage de sympathie en faveur de notre œuvre, mais encore un très sérieux encouragement pour l'avenir, et dont nous tiendrons le plus grand compte.

Depuis que vous êtes à la tête du département du commerce et de l'industrie, n'êtes-vous pas resté en communauté de sentiments et d'idées avec les groupes syndicaux? (*Applaudissements.*)

Vos préoccupations constantes ont toujours été, comme les nôtres, dirigées vers le développement de l'enseignement technique. Comme nous, vous voulez reconstituer sur les principes modernes et avec toute la liberté que comporte la démocratie militante, l'apprentissage disparu, emporté avec toutes les vieilles institutions, dans la tourmente révolutionnaire de 1792. Vous voulez combattre la concurrence étrangère en perfectionnant nos méthodes de production ; aider au développement de nos industries nationales; améliorer le sort des classes laborieuses, en faisant participer dans une juste proportion le producteur aux bénéfices commerciaux; enfin, assurer aux travailleurs, pour leurs vieux jours, ce qui leur manque aujourd'hui, c'est-à-dire au moins le nécessaire, au moyen de créations de caisses de retraite. (*Applaudissement général.*)

Aussi, Monsieur le Ministre, suis-je particulièrement heureux de vous dire, combien votre présence, à cette fête véritablement syndicale, remplit nos cœurs de joie.

J'adresse également tous mes remerciements au Conseil municipal de Paris. Votre présence à cette solennité, Monsieur le président Mesureur, assure à notre œuvre le concours précieux du Conseil municipal de Paris, concours qui ne pouvait nous faire défaut, l'enseignement technique étant tenu en grand honneur par les édiles de notre puissante et intelligente cité. (*Très bien ! très bien !*)

Je compte, Monsieur le Ministre, être fort bref dans mes développements. Vous direz mieux que moi et avec plus d'éloquence ce qu'il y a à dire.

En février 1880, mes collègues, pour la première fois, m'ont confié la direction de la Chambre syndicale de l'horlogerie de Paris, avec la mission bien déterminée de créer à Paris une École d'horlogerie. En arrivant au fauteuil de la présidence, je pris l'engagement formel de créer cette École technique reconnue indispensable au développement de notre industrie.

Cela n'était pas chose facile. Je puis le dire maintenant. Au début, nos ressources pécuniaires étaient plus que modestes. Nous étions discutés, je dirai même combattus.

Vous voulez faire une école, nous disait-on, vous ne trouverez ni professeur, ni élève, ni argent, ni local. Vous voulez créer un centre d'enseignement aussi complexe, alors que vos devanciers n'ont pu réussir, vous êtes des utopistes, vous n'arriverez à rien.

Ce langage produisit sur nous l'effet contraire de ce que l'on en attendait. Il développa notre ardeur, augmenta notre foi, doubla notre volonté ; à la tête d'un groupe résolu, n'écoutant que notre courage, les yeux constamment fixés vers le but à atteindre, nous avons été vigoureusement de l'avant, et, malgré tous les obstacles, toutes les difficultés, tous les mauvais vouloirs, nous sommes arrivés : cette cérémonie en est la preuve la plus éclatante. (*Bravos répétés et applaudissements.*)

Le 12 juillet 1880, la Société de l'École d'horlogerie de Paris était constituée. Le 1er janvier 1881, un atelier était ouvert. Le 6 mars de la même année, l'inauguration officielle de l'École était faite par un des hauts fonctionnaires du Ministère du commerce. A cette époque, nous n'avions que cinq élèves.

A partir de ce moment, nos progrès furent rapides.

Le 12 juillet 1883, en séance publique, M. Hérisson, alors Ministre du commerce, donnait lecture du décret présidentiel qui reconnaissait notre école établissement d'utilité publique.

Le 17 mars 1885, le nombre des élèves présents à l'école atteignait 60. L'internat était créé.

En présence de cette progression rapide, sur ma proposition, l'Assemblée générale vota la construction d'une École d'horlogerie à Paris.

Les premiers fonds nécessaires à cette construction furent rapidement réunis.

En mai 1886, un terrain d'une superficie de 1,200 mètres fut acquis, 30, rue Manin.

Les plans présentés par M. Abel Chancel, architecte, furent adoptés, et un traité pour la construction du bâtiment principal fut passé le 19 février 1887, avec MM. Sudrot, Devillette et Bonté, entrepreneurs généraux.

Nous avons, vous pouvez le constater, Monsieur le Ministre, marché rapidement, mais il faut le reconnaître, ce fut au prix de réels et très sérieux sacrifices de la part de nos amis.

Aux termes de notre traité, la construction sur la rue Manin, dont vous allez bientôt poser la première pierre, doit être terminée le 1er décembre de cette année. Toutefois, pour que nous puissions prendre possession de nos nouveaux ateliers, l'appui et le concours effectif de l'État et de la Ville de Paris nous sont indispensables. Et, en effet, nous aurons de nouvelles dépenses pour la réorganisation des ateliers et de l'outillage, dépenses qui atteindront au moins le chiffre de 25,000 fr. Nous vous avons demandé une partie de cette somme, Monsieur le Ministre, et notre intention est de demander le complément au Conseil municipal de Paris. (*Rires et applaudissements.*)

Ce n'est pas tout : pour que notre œuvre soit complètement terminée, nous aurons à déblayer la partie du terrain sur la rue David d'Angers et à construire sur cet espace un immeuble modeste, mais indispensable, pour y installer les services accessoires de l'école et le réfectoire des élèves internes et demi-pensionnaires.

La dépense que peut entraîner cette nouvelle construction sera de 60,000 fr. environ. C'est aux membres des groupes syndicaux que nous demandons cette somme. Nous avons travaillé dans l'intérêt général des syndicats professionnels : nous pensons donc que, mus par un sentiment de solidarité, les membres de ces mêmes syndicats nous aideront. Ils prendront les obligations qui nous restent à placer et ils nous permettront de parachever notre œuvre, qui deviendra ainsi un peu la leur.

Un dernier mot, Monsieur le Ministre, l'École dont vous allez poser la première pierre pourra recevoir cent élèves.

Elle sera édifiée sans luxe : nous y introduirons l'air, l'espace, la lumière. Nous observerons dans sa construction tous les principes de l'hygiène. Cette École, véritable école type à tous les points de vue, servira de modèle, nous en sommes certains, aux écoles futures.

Complètement terminée et organisée en avril 1888, nous vous demanderons alors d'en faire l'inauguration, et, je suis convaincu que dans votre amour pour les classes laborieuses, dans votre dévouement à la République, reconnaissant que nous avons accompli nos devoirs de citoyens, vous tiendrez à procéder, vous-même, au couronnement de notre œuvre. (*Applaudissements redoublés.*)

PALAIS DU TROCADÉRO

DISTRIBUTION SOLENNELLE DES RÉCOMPENSES

DE

L'ÉCOLE D'HORLOGERIE DE PARIS

ET DE LA

CHAMBRE SYNDICALE DE L'HORLOGERIE DE PARIS

Année 1886-1887

Séance publique du 26 juin 1887

Présidée par M. L. DAUTRESME, Ministre du Commerce et de l'Industrie

Discours de M. A.-H. RODANET

PRÉSIDENT-DIRECTEUR DE L'ÉCOLE D'HORLOGERIE DE PARIS

PALAIS DU TROCADÉRO

DISTRIBUTION SOLENNELLE DES RÉCOMPENSES

DE

L'ÉCOLE D'HORLOGERIE DE PARIS

ET DE LA

CHAMBRE SYNDICALE DE L'HORLOGERIE DE PARIS

Séance publique du 26 juin 1887

DISCOURS DE M. A.-H. RODANET

PRÉSIDENT-DIRECTEUR DE L'ÉCOLE D'HORLOGERIE DE PARIS

Mesdames, Monsieur le Ministre, Messieurs,

A M. Dautresme, Ministre du commerce et de l'industrie, qui a bien voulu nous faire l'honneur de présider cette solennité, j'adresse tout d'abord mes plus sincères remerciements. (*Applaudissements.*)

Votre présence, Monsieur le Ministre, et celle de Monsieur le Ministre des travaux publics, à la distribution des récompenses que nous allons décerner aux élèves de l'École d'horlogerie de Paris, et aux lauréats des Concours annuels de la Chambre syndicale de l'horlogerie de Paris, est la preuve la plus éclatante de votre sympathie à l'égard des œuvres d'enseignement technique.

Il ne pouvait en être autrement. Les préoccupations constantes du gouvernement de la République ne sont-elles pas d'étudier avec la plus grande sollicitude les questions qui se rattachent à l'enseignement en général, et plus particulièrement à l'enseignement technique et professionnel ? C'est que, de la solution de ces questions sociales, dépendent l'avenir du travailleur, le développement du commerce français et de l'industrie nationale, c'est-à-dire la richesse et la grandeur de la patrie. (*Assentiment général.*)

Nous sommes profondément heureux des encouragements qui nous sont donnés journellement par le gouvernement de la République. Aussi suis-je certain de répondre aux sentiments de tous les groupes professionnels français en vous priant, en leur nom, de faire agréer à M. le Président de la République et à vos collègues du conseil des Ministres l'expression de notre profonde reconnaissance et de notre sympathie la plus dévouée. (*Applaudissements.*)

Notre œuvre n'est pas nouvelle pour vous, Monsieur le Ministre ; depuis de longues années vous vous intéressez sérieusement à nos progrès et à nos travaux. Si ma mémoire ne me fait pas défaut, c'est en juillet 1885 que j'ai eu l'honneur de vous accompagner dans la visite que vous fîtes à l'École d'horlogerie du faubourg du Temple. Alors notre installation était modeste, nos élèves étaient moins nombreux qu'aujourd'hui, et leurs travaux plus élémentaires. Grâce aux efforts persistants de notre personnel administratif et enseignant, en un mot, de tous nos collaborateurs, l'œuvre de l'École d'horlogerie de Paris, que nous avons créée en juillet 1880, a pris de grands développements, si grands que, dans la visite officielle que certainement, Monsieur le Ministre, vous ferez rue Manin, après notre installation définitive, il vous sera presque impossible de reconnaître, dans ce vaste établissement bien outillé et bien agencé, notre création des plus modestes aux débuts. Ces résultats, nous les devons à ce que nous sommes encore aujourd'hui aussi ardents, aussi convaincus, aussi apôtres de notre œuvre — permettez-moi de le dire — que nous l'étions aux premiers jours. Au fur et à mesure que nous avons vu nos projets se réaliser, projets considérés par beaucoup comme un rêve ou une utopie, notre foi dans cette œuvre s'est pour ainsi dire accrue ; notre confiance dans son avenir a grandi, à ce point, que nous avons juré de ne prendre de repos que lorsque cette École, qui servira certainement de modèle aux Écoles techniques futures, sera complètement terminée et que nous aurons inscrit sur son fronton : « Œuvre syndicale due à l'initiative privée. ». (*Vifs applaudissements.*)

L'an dernier, à pareille époque, dans mon discours de distribution des prix, je prenais des engagements à courte échéance, engagements qui ont pu paraître alors téméraires à bon nombre de mes auditeurs. Je disais : « A l'année prochaine, d'abord ; à 1888 ensuite; pour l'inauguration de l'École de la rue Manin, et enfin à 1889, pour nos succès à l'Exposition. » Ces engagements, vous pourrez le constater vous-mêmes dans un instant, ont été largement dépassés.

Nous nous sommes assuré tout d'abord — et ce n'est pas là chose facile — les fonds nécessaires pour acheter le terrain de la rue Manin. Le terrain une fois acheté, nous avons procédé à l'édification des vastes bâtiments de l'École, dont la première pierre, vous le savez, a été posée, solennellement et avec le concours officiel, le 24 avril dernier.

Depuis ce jour, les travaux ont été poussés avec une telle vigueur et une si grande énergie par notre habile et dévoué architecte, M. Abel Chancel, et nos entrepreneurs généraux, MM. Sudrot, Devillette et Bonté, que les bâtiments — qui ne compte pas moins de 26 mètres de largeur sur 16 mètres de profondeur, — atteignent aujourd'hui la hauteur du troisième étage. Les ateliers, les salles de cours, une partie des locaux administratifs déjà construits permettent de se rendre un compte exact de ce que sera la nouvelle École d'horlogerie de Paris complètement terminée.

Vous voyez, Messieurs, que les engagements que j'ai pris pour l'avenir sont aujourd'hui largement dépassés, n'en déplaise aux esprits timorés qui m'accusaient peut-être de m'être imprudemment avancé.

Fort de ces précédents, je crois pouvoir vous convier,

Messieurs, avec la certitude la plus absolue, à l'inauguration de l'École d'horlogerie de Paris, pour les premiers mois de l'année 1888. (*Applaudissements.*)

Voilà pour la construction de notre École.

Quant à la supériorité des travaux des élèves, formés par d'habiles professeurs, suivant notre méthode spéciale et absolument rationnelle, — méthode dont j'ai eu bien souvent l'occasion de vous entretenir, — j'ai la conviction, et vous l'aurez vous-mêmes, si vous voulez prendre la peine d'examiner les derniers produits de nos élèves exposés dans ce palais, que l'École d'horlogerie de Paris remportera de brillants succès à l'Exposition universelle de 1889, quels que soient le nombre et la valeur de nos concurrents étrangers. C'est encore là un engagement que j'ai pris, et l'avenir, je l'espère, prouvera que cet engagement n'était pas téméraire et au-dessus de nos forces. (*Applaudissements.*)

Comme je vous le disais au début de cette allocution, Messieurs, les succès que nous avons obtenus jusqu'ici, et ceux que nous obtiendrons encore, j'en ai la certitude, sont dus — il ne faut pas se le dissimuler — non seulement aux connaissances spéciales et professionnelles des membres de nos conseils, à nos méthodes nouvelles d'enseignement, à notre persévérance, mais encore au concours moral et persistant que nous avons rencontré, non seulement dans le Gouvernement, chez nos édiles parisiens, mais encore parmi les nombreux amis de l'enseignement technique.

Et, à ce propos, je tiens à signaler publiquement, et une

fois de plus, le dévouement sans bornes à l'enseignement populaire de notre Président d'honneur, mon ami de Hérédia. (*Applaudissements.*)

Il me reste à vous dire quelques mots, Messieurs, du concours annuel de la Chambre syndicale de l'horlogerie de Paris pour l'année 1887.

Ce concours, qui a lieu chaque année, depuis treize ans, entre les ouvriers et les apprentis horlogers français, se maintient dans les meilleures conditions. Il est un stimulant sérieux, qui a provoqué chez un grand nombre d'horlogers des efforts dont le résultat a été la production de bons et beaux travaux.

Cette année, c'est avec une grande joie que je vous annonce, Messieurs, que le grand prix du groupe syndical, un diplôme d'honneur et une médaille d'or de 300 francs, a été attribué par le jury des récompenses à un homme véritablement méritant, M. Charles Joseph, qui, graduellement et par des efforts successifs, est arrivé à mériter notre plus haute récompense. (*Vifs applaudissements.*)

Le prix spécial de mérite est également attribué cette année à un habile contremaître, M. Bros, qui, depuis trente-deux ans, prête son concours intelligent et dévoué à ses patrons, MM. Farcot et Vandemberg. Je félicite tout spécialement ces deux lauréats dont les noms vont être proclamés dans quelques instants par le Rapporteur du jury des récompenses. (*Nouveaux applaudissements.*)

Et maintenant, Monsieur le Ministre, permettez-moi,

suivant l'usage, de vous offrir un souvenir de notre fête. Nous avons pensé que ce souvenir vous serait d'autant plus agréable qu'il vous rappellerait l'École d'horlogerie. Je viens donc vous demander de bien vouloir m'autoriser à vous présenter, au nom de mes collègues de l'École d'horlogerie de Paris, un régulateur construit par nos élèves. (*Applaudissements.*)

Et, après avoir remercié le Gouvernement, le Conseil municipal de Paris, toutes les personnes qui nous prêtent leur concours, je termine, Mesdames et Messieurs, en vous assurant que nous tiendrons haut et ferme dans l'avenir, comme nous l'avons fait jusqu'ici, le drapeau de l'enseignement technique, convaincu qu'en nous dévouant à l'organisation et au développement de cet enseignement — qui sera l'une des gloires de la France industrielle et productrice — nous remplissons nos devoirs de bon citoyen, et nous accomplissons une mission essentiellement civilisatrice. (*Applaudissements répétés.*)

DOCUMENTS OFFICIELS

ET

DÉCRETS

DOCUMENTS OFFICIELS

M. Ch. HÉRISSON, Député, Ministre du Commerce. — Pour assurer davantage son existence, M. Rodanet avait demandé au Gouvernement de reconnaître l'École comme établissement d'utilité publique. J'ai vivement appuyé cette demande auprès du Conseil d'État, et j'ai la satisfaction de vous apprendre, en terminant, qu'elle vient d'être accueillie, et que désormais l'École de la rue du Temple sera une véritable et définitive fondation, qu'elle pourra s'agrandir, s'établir même sur un terrain qui lui appartienne, et réaliser toutes les améliorations annoncées par son infatigable directeur. (*Applaudissements répétés.*)

M. le Ministre du Commerce ajoute :

MESDAMES ET MESSIEURS, après vous avoir donné connaissance du décret de déclaration d'utilité publique, il me reste un devoir à accomplir ; ce devoir me sera très doux, et j'espère qu'il vous sera aussi agréable qu'à moi. (*Mouvement d'attention.*)

Nous allons tout à l'heure distribuer des récompenses aux élèves de l'École, mais il est juste et légitime que nous commencions par les professeurs. Permettez-moi donc, au nom de M. le Président de la République, de décerner à la Chambre syndicale tout entière, dans la personne de son Président si dévoué et si zélé, M. Rodanet, la croix de chevalier de la Légion d'honneur. (*Acclamations et bravos. — Applaudissements prolongés.*)

Cette croix, vous savez tous, Mesdames et Messieurs, si M. Rodanet l'a méritée, et c'est avec orgueil que je l'attache sur sa poitrine.

(M. le Ministre remet les insignes de chevalier de la Légion d'honneur à M. Rodanet, et lui donne l'accolade au milieu des applaudissements répétés de l'assistance.)

Palais du Trocadéro.

Séance publique du 8 juillet 1883.

M. Éd. LOCKROY, Ministre du Commerce et de l'Industrie. — Vous l'avez prouvé, Messieurs, votre œuvre est une de celles qui nous font le plus d'honneur et méritent le plus d'estime. Puisse votre exemple être suivi dans toutes les industries et dans toutes les villes industrielles, et le Parlement, qui s'intéresse avec tant de passion à l'enseignement technique, n'aura rien à regretter de ses sacrifices. (*Applaudissements répétés.*)

Et maintenant, Messieurs, pour montrer à quel point la sympathie des pouvoirs publics a été éveillée par votre tentative ; pour récompenser, s'il se peut, les efforts qu'a faits M. le Président de la Chambre syndicale de l'horlogerie, notre ami Rodanet, qui s'est dévoué avec une énergie si admirable à la cause sacrée de l'enseignement technique, permettez-moi, Messieurs, en votre présence, en présence de la foule assemblée de lui remettre les insignes, qu'il a si bien mérités, d'officier de la Légion d'honneur... (*Bravos, bravos, et applaudissements prolongés.*)

(Le Ministre donne l'accolade à M. Rodanet.)

Séance publique du 24 *avril* 1887.

30, rue Manin.

DÉCRETS

Le Président de la République,

Sur le rapport du Ministre du commerce,

Vu la loi du 25 juillet 1873, sur les récompenses nationales,

Vu la déclaration du Conseil de l'Ordre, en date du 2 juillet 1883, portant que les nominations et les promotions du présent décret sont faites en conformité des lois, décrets et règlements en vigueur,

Décrète :

Article 1er.

Est nommé chevalier dans l'ordre national de la Légion d'honneur :

M. Rodanet, fabricant d'horlogerie, à Paris, Président de la Chambre syndicale de l'horlogerie, fondateur et directeur de l'École d'horlogerie de Paris. Titres exceptionnels.

Art. 2.

Le Ministre du commerce et le Grand Chancelier de la Légion d'honneur sont chargés, chacun en ce qui les concerne, de l'exécution du présent décret.

Fait à Paris, le 9 juillet 1883.

Signé : Jules GRÉVY.

Par le Président de la République :

Le Ministre du commerce,

Signé : Hérisson.

Journal officiel. — 14 juillet.

LE PRÉSIDENT DE LA RÉPUBLIQUE FRANÇAISE,

Sur le rapport du Ministre du commerce,

Vu la délibération du Conseil d'administration de la Société de l'École d'horlogerie de Paris, en date du 6 avril 1883;

Le Conseil d'État entendu,

DÉCRÈTE :

Article 1er.

La Société établie à Paris, sous la dénomination de : *Société de l'École d'horlogerie de Paris*, est déclarée établissement d'utilité publique.

Sont approuvés les statuts de ladite Société, tels qu'ils sont formulés dans l'expédition jointe au présent décret.

Art. 2.

La Société sera tenue de transmettre, au commencement de chaque année, au ministère du commerce, un extrait de son état de situation.

Art. 3.

Le Ministre du commerce est chargé de l'exécution du présent décret, qui sera inséré au *Bulletin des lois* et publié au *Journal officiel*.

Fait à Paris, le 12 juillet 1883.

JULES GRÉVY.

Par le Président de la République :

Le Ministre du commerce,

CH. HÉRISSON.

Le Président de la République Française,

Sur le rapport du Ministre du commerce et de l'industrie ;

Vu la loi du 25 juillet 1873 sur les récompenses nationales ;

Vu la déclaration du Conseil de l'Ordre, en date du 22 avril 1887, portant que la promotion du présent décret est faite en conformité des lois, décrets et règlements en vigueur.

Décrète :

Art. 1er. — Est promu au grade d'officier dans l'Ordre national de la Légion d'honneur : M. Rodanet (Auguste-Hilaire), constructeur de chronomètres à Paris, fondateur et directeur de l'École d'Horlogerie de Paris, président de la Chambre syndicale de l'horlogerie, membre de la Chambre de commerce de Paris, membre du Conseil supérieur de l'enseignement technique, président du Comité de rédaction du journal la *Revue chronométrique ;* a obtenu de nombreuses récompenses dans diverses expositions universelles. Chevalier du 9 juillet 1883. Titres exceptionnels.

Art. 2. — Le Ministre du commerce et de l'industrie, et

le Grand Chancelier de la Légion d'honneur sont chargés, chacun en ce qui le concerne, de l'exécution du présent décret.

Fait à Paris, le 23 avril 1887.

JULES GRÉVY.

Par le Président de la République :

Le Ministre du commerce et de l'industrie,

EDOUARD LOCKROY.

TABLE DES MATIÈRES

Pages.

AVANT-PROPOS v

L'horlogerie astronomique et civile 3

Horlogerie astronomique. — Ses usages 13

Navigation par l'estime 14
Navigation à l'aide d'observations astronomiques 17
Régulateurs astronomiques et chronomètres 21

Horlogerie civile. — Ses usages 29

Horlogerie. — Ses progrès 37

De la force motrice 39
Du rouage 46
De l'échappement 48
Échappement à cylindre 50
Fonctions de l'échappement à cylindre 51
Des échappements libres 54
Échappement à ancre 55
Fonctions de l'échappement à ancre 56
Échappement détente à ressort 59
Des pivots 68
Du balancier 69
Du spiral 78
Enregistreur de l'heure 82
Inventions diverses 84

Enseignement de l'horlogerie à Paris.

Enseignement technique et professionnel 89
Fabrication mécanique de l'horlogerie 91
École d'horlogerie de Paris 92

Union nationale du Commerce et de l'Industrie.

Réunion annuelle du 17 *mars* 1886, *discours* 99

Chambre syndicale de l'horlogerie et École d'horlogerie de Paris

Pages.

Réunion annuelle du 4 avril 1886, discours........................ 105

Distribution des prix de l'école de garçons de la rue Étienne-Marcel et de l'école de jeunes filles de la rue de la Jussienne.

Séance solennelle du 7 août 1886, discours........................ 113

Association philotechnique de Paris.

Réunion du 20 juin 1886, discours........................ 125

Distribution solennelle des récompenses.

École d'horlogerie et Chambre syndicale de l'horlogerie de Paris.

Séance publique du 27 juin 1886, discours........................ 131

Association philotechnique de Paris.

Séance solennelle du 14 novembre 1886, discours........................ 153

Exposition universelle d'Anvers 1885.

Rapport du jury des récompenses de la classe 21 (Horlogerie)......... 161

École technique d'horlogerie........................ 167

École d'horlogerie de Paris........................ 167

École nationale d'horlogerie de Cluses........................ 168

École municipale d'horlogerie de Besançon........................ 168

Section suisse........................ 168

Section française........................ 171

Section allemande........................ 172

Section belge........................ 174

Section hollandaise........................ 175

Sections diverses........................ 176

École d'horlogerie de Paris.

Pose de la première pierre, 24 avril 1887, discours........................ 179

Distribution solennelle des récompenses.

École d'horlogerie et Chambre syndicale de l'horlogerie de Paris.

Séance publique du 26 juin 1887, discours........................ 187

Documents officiels et Décrets............. 197

Paris. — Imprimerie L. Baudoin et Ce, 2, rue Christine.

www.ingramcontent.com/pod-product-compliance
Ingram Content Group UK Ltd.
Pitfield, Milton Keynes, MK11 3LW, UK
UKHW012029240726
13965UKWH00002B/663

9 782013 440639